日本茶 知識圖鑑

Knowledge of Japanese tea

監修：公益社團法人日本茶業中央會
NPO 法人日本茶專業指導員協會

三悅文化

Knowledge of Japanese tea

日本茶知識圖鑑

CONTENTS

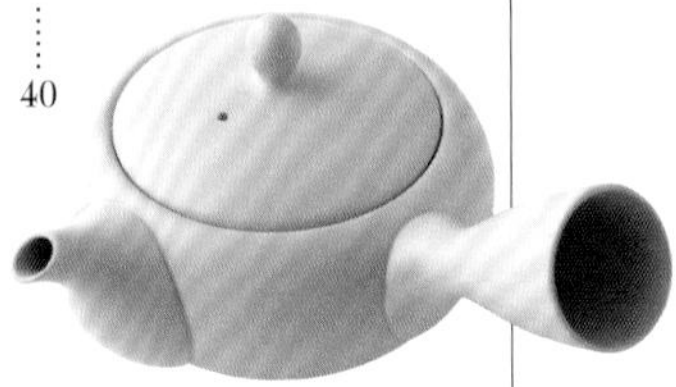

PART 3 日本茶的品飲方法

實際沏杯茶吧！

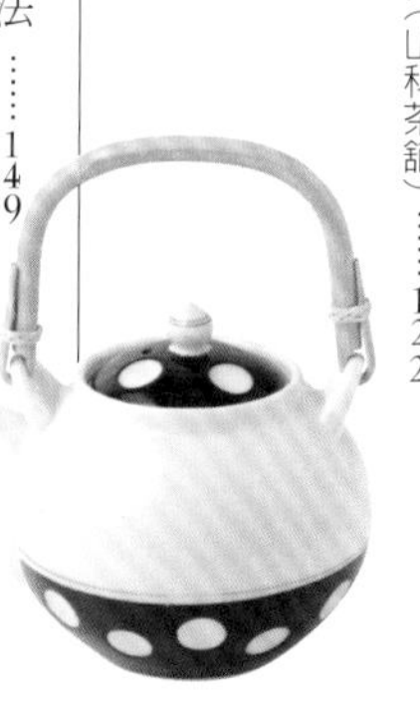

PART 4 學習日本茶

更多有趣的日本茶知識！

型錄的閱讀方式

茶湯色的照片

以最適合的溫度和時間沏出來的茶成品。抹茶則無論是濃茶用還是薄茶用皆全部以薄茶的方式點茶。

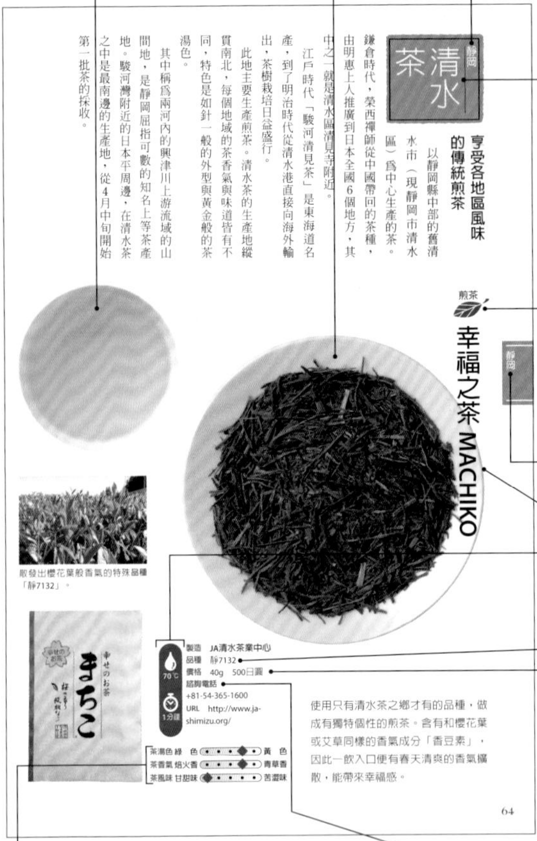
靜岡 清水 茶

亨受各地區風味的傳統煎茶

以靜岡縣中部的舊清水市（現靜岡市清水區）爲中心生產的茶。

鎌倉時代，榮西禪師從中國帶回的茶種，由明惠上人推廣到日本全國6個地方，其中之一就是清水區清見寺附近。

江戶時代「駿河清見茶」是東海道名產，到了明治時代從清水港直接向海外輸出，茶樹栽培日益盛行。

此地主要生產煎茶。清水茶的生產地縱貫南北，每個地域的茶香氣與味道皆有不同，特色是如針一般的外型與黃金般的茶湯色。

其中稱爲兩河內的興津川上游流域的山間地，是靜岡屈指可數的知名上等茶產地。駿河灣附近的日本平周邊，在清水茶之中是最南邊的生產地，從4月中旬開始第一批茶的採收。

煎茶

幸福之茶 MACHIKO

靜岡

散發出櫻花葉般香氣的特殊品種「靜7132」。

70℃ 1分鐘

製造 JA清水茶業中心
品種 靜7132
價格 40g 500日圓
諮詢電話 +81-54-365-1600
URL http://www.ja-shimizu.org/

茶湯色 綠色 ⟷ 黃色
茶香氣 焙火香 ⟷ 青草香
茶風味 甘甜味 ⟷ 苦澀味

使用只有清水茶之鄉才有的品種，做成有獨特個性的煎茶。含有和櫻花葉或艾草同樣的香氣成分「香豆素」，因此一飲入口便有春天清爽的香氣擴散，能帶來幸福感。

64

茶的照片

放入直徑10.5cm的淺皿拍攝。

都道府縣名

產地商標

如同「宇治茶」或「狹山茶」般，是茶產地的名稱。即使是在相同縣內栽培的日本茶，依然會因種植地區而有環境或品質的差異，因此依各茶產地分類的情形很多。

茶種

日本茶有各式各樣的種類。本書按如下分類表示。

- 煎茶、深蒸煎茶、釜炒茶、蒸製玉綠茶
- 焙茶、玄米茶、番茶、後發酵茶
- 玉露、被茶
- 莖茶、微發酵茶
- 抹茶

地區

商品名稱

最適合的溫度和時間

製造商所推薦之沖煮介紹商品時的標準熱水溫度與浸泡時間。

品種

茶樹有各式各樣的品種（參照P.22）。日本茶也經常將多項品種混合製作。混合數量較多時，則僅記載主要的品種名稱。

價格

商品標示的價格全都是未稅價格。同時，價格及包裝皆為2014年4月時的狀態。

諮詢電話

電話號碼或傳真號碼。皆為2014年4月時的狀態。

以5階段表現茶的特徵

茶湯色

日文以「水色（すいしょく）」表示。是指沖煮日本茶時的浸出液的顏色。通常是以「綠色⟷黃色」表現，但焙茶或地方的番茶，則是以「褐色⟷黃色」表現。

茶香氣

日本茶進行「入火」這項加熱的步驟時形成獨特的焙煎焦香味，稱為「焙火香」；新鮮宛若嫩葉般的香氣稱為「青草香」。不過，沒有反映出釜炒茶的「釜香」等茶種特有的茶香氣。

茶風味

日本茶中含有各式各樣的茶風味要素，以甘甜味和苦澀味表現其中的主要要素。

※本書介紹的茶產地是參考自『平成25（2013）年版　茶關係資料』（公益社團法人日本茶葉中央會）的「日本全國茶產地與茶稱呼」。產地的知名品牌，是以「日本全國茶產地與茶稱呼」等作為參考後，採用一般認知的名稱。

※揭載的各式商品是由編輯部精選。

關於「茶葉」的說法

在日本，最近稱呼茶葉為「CYABA」的人也非常多，但正確的讀音其實是「CYAYOU」。關於茶葉的說法，製茶前在茶園摘下的葉子會稱為「茶青」或「生葉（NAMAHA）」等，普遍被區分為許多不同的說法。但本書中，無論是製茶前或製茶後，全都表記為「茶」或「茶葉」等。

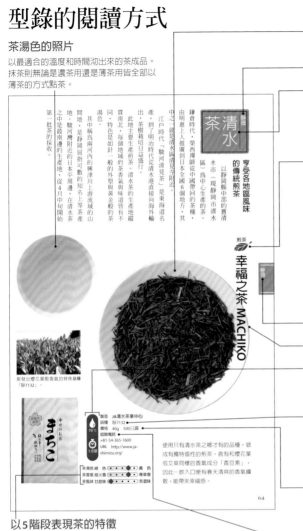

日本茶知識圖鑑
Knowledge of Japanese tea

Part.1

從零開始學習

日本茶的基礎知識

仔細鑽研日本茶，
會發現它其實是非常纖細
又富深度的世界。
作爲認識日本茶的第一步，
最先要介紹給您的是
日本茶的基礎知識。

日本茶的定義與種類

日本茶，究竟是什麼樣的茶？

所謂的「日本茶」，究竟指的是什麼樣的茶呢？讓我們從製法或原料的「茶」樹等解開這個問題吧。

採摘後立刻加熱的茶會成為綠茶

所謂的日本茶，顧名思義，是指在日本生產的茶。因此，日本國產的紅茶等，在廣義上亦屬於日本茶，但一般多是指綠茶。

那麼，綠茶到底是什麼呢？綠茶的特徵是它的製作方法。這是因爲葉子在採摘之後發酵會持續演進，但綠茶的製作方法是茶葉的顏色雖然會消失，卻將茶青立刻加熱，而綠茶經過加熱後會停止發酵，因此被稱爲「不發酵茶」。此外，茶的「發酵」是指酵素作用後成分發生變化的狀態。和味噌那種經由微生物引起的發酵不同。

除了有「不發酵茶」以外，另有「發酵茶」和「半發酵茶」等茶種。將發酵進展到最大極限的茶就是發酵茶，也就是所謂的紅茶。在某種程度即停止發酵的則是半發酵茶，可列舉烏龍茶爲一例。另有一種後發酵茶有別於上述的茶，但它是利用微生物使綠茶等發酵而成的茶。

無論是綠茶、紅茶、還是烏龍茶，原料全都是由同樣的植物「茶樹」而來。茶樹是山茶科山茶屬的常綠樹，可大略分成中國種和阿薩姆種。葉子小、耐寒性比較強的中國種適合製成綠茶。葉子大、耐寒性弱的阿薩姆種，則主要用於製作紅茶。在日本栽培的則幾乎都是中國種。

茶樹的種類有兩種

	特徵	葉子形狀	主要的栽培國家
中國種（綠茶是這類！）	分枝多，樹幹不明顯。樹高約2～3m	葉子小，前端偏圓。顏色是深綠色	中國、臺灣、日本、印度（高地）、斯里蘭卡（高地）等
阿薩姆種（紅茶是這類！）	分枝少，甚至主幹有直挺挺生長至超過10m以上的	葉子大，前端偏尖。顏色是淡綠色	印度（低地）、斯里蘭卡（低地）等

依製作過程分類的日本茶

相同的茶樹能製出各式種類的茶。
以下，將依照製作過程介紹。

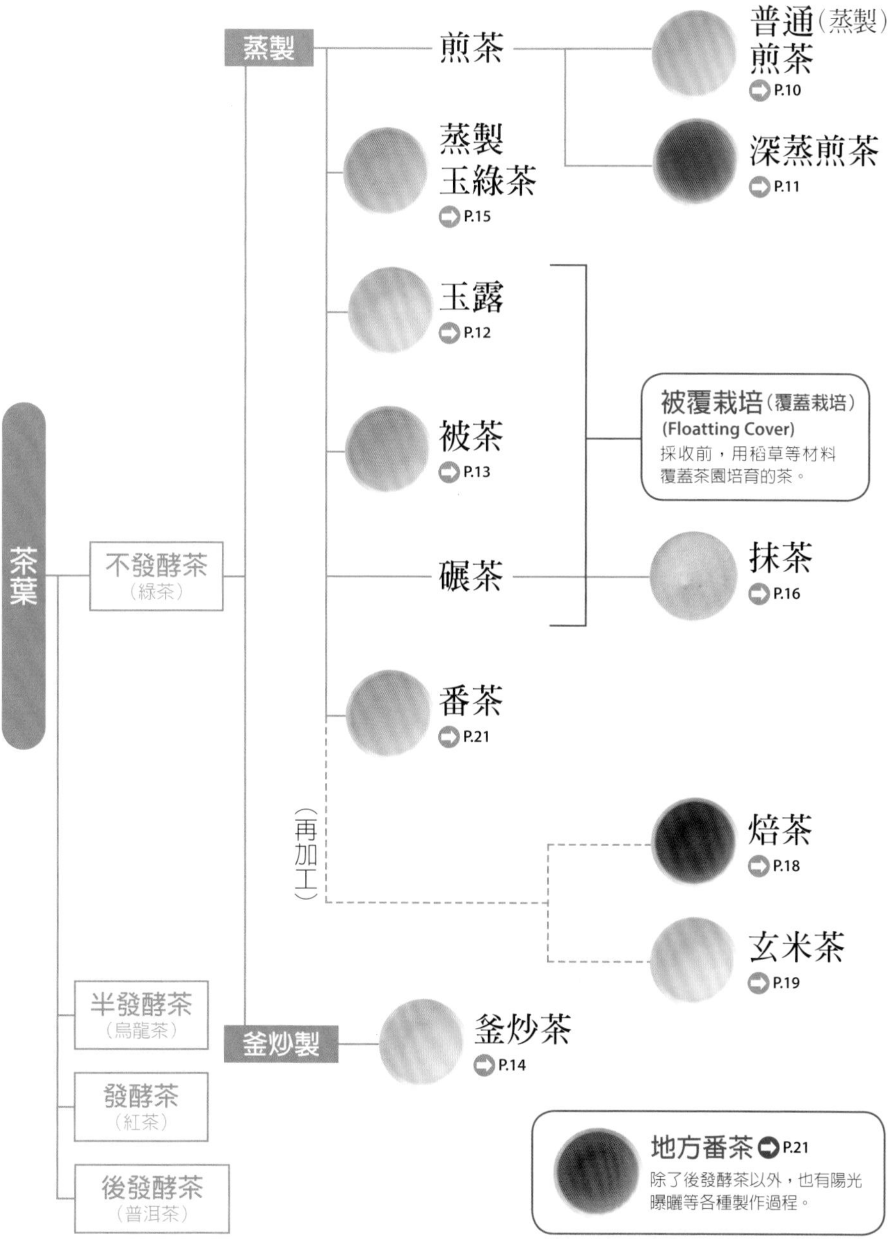

店內陳列的茶葉都是粗製茶加工製造的成品

綠茶的製造過程中，會最先製造出粗製茶。粗製茶，是由茶農們將茶青加工製造而成。

採摘的葉子如果放著不管，則發酵會持續進行，所以必須先加工成粗製茶。粗製茶階段時的水分含量高達約5％，不僅容易損傷，形狀也參差不齊。將粗製茶加工處理的茶商們，在施行最後加工步驟後，即成爲陳列在門市的商品。

加工粗製茶的步驟中，有篩選葉子、整理葉子大小的作業，在此時挑選出的主體茶葉稱爲本茶，可從本茶製造出煎茶等茶葉。此外，僅挑選出細芽前端部分的則稱爲芽茶。

本茶、芽茶以外的部分稱爲出物，莖茶或粉茶便屬於這一類。出物可如莖茶般依各部位製造茶葉，也可以切斷後混入本茶等，有多種用途。

從粗製茶判斷茶的種類

日本茶製作過程中，最先完成的成品是「粗製茶」。
粗製茶可分為「本茶（HONCYA）」和「出物（DEMONO）」，且可從「出物」製造莖茶等茶葉。

可以成為茶葉的材料

粗製茶
➡ P.164

在茶園採摘的茶青完成初步加工步驟的茶葉。製作過程雖各有不同，但無論是何種茶葉，都是先從粗製茶開始製作。

篩茶、切割、分類等 ➡ P.166

經由各式各樣的加工步驟，按照葉子的大小區分。

本茶
(HONCYA)

粗製茶過篩後，去除掉纖細的粉狀茶和莖茶後的茶葉。之後再進行混合等作業，才算加工完成。

芽茶 ➡ P.17

挑選出細芽前端部分的茶葉。

粗製茶加工後剩下的部分

出物
(DEMONO)

粗製茶過篩後，被去除掉的部分。可製成各式各樣的商品。

莖茶 ➡ P.17

茶葉的莖部，或葉和莖連接的部位等。除了莖茶以外，也經常作為莖焙茶使用。

粉茶 ➡ P.20

製茶加工過程中，缺損細屑等集結而成的纖細茶葉。

泥粉

比粉茶更纖細的部分。也稱為細粉。經常應用於袋茶（亦稱茶包）。

最後加工步驟完成前的粗製茶狀態。

各種日本茶 茶風味與茶香氣的傾向

茶風味或茶香氣會依茶種而異。
用以下的圖表查看各茶種的特徵吧！

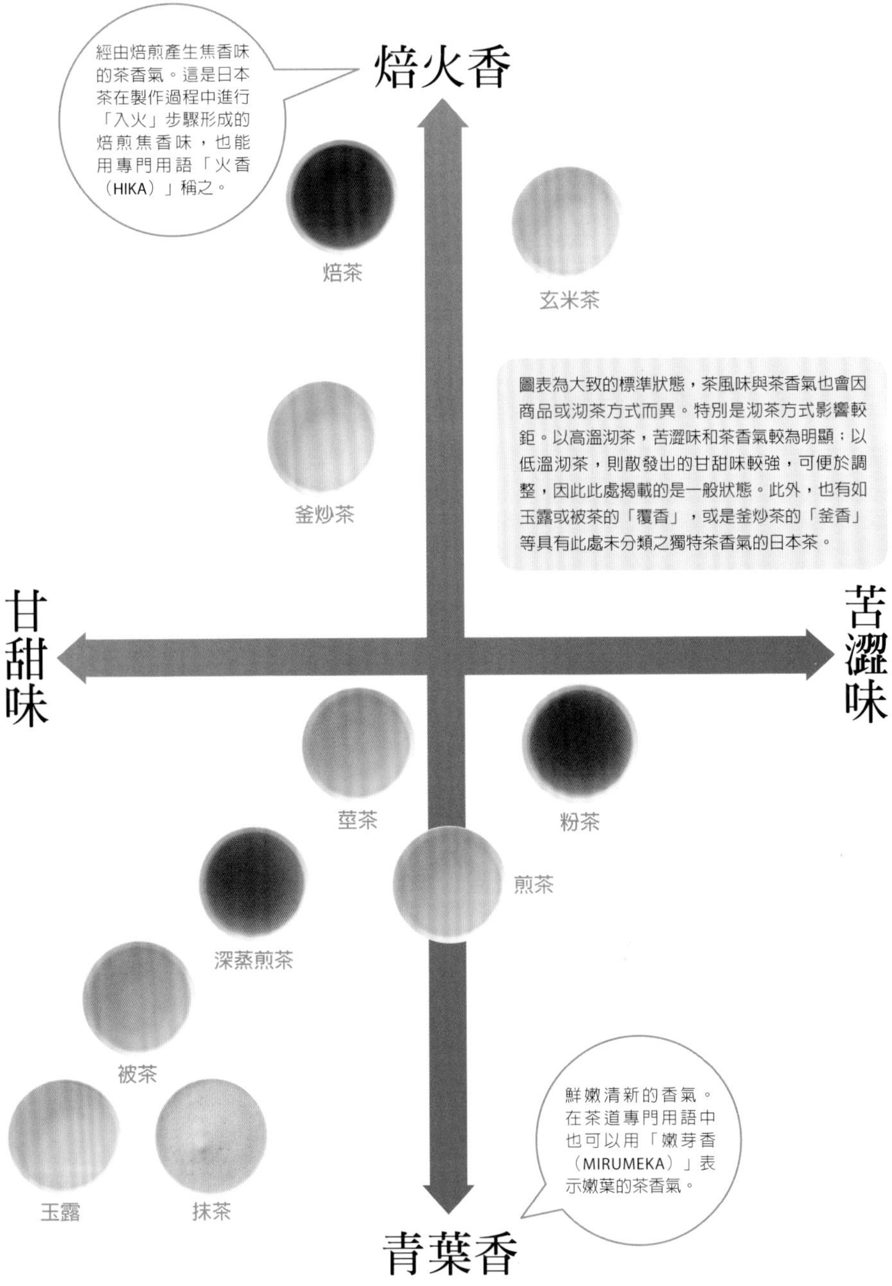

經由焙煎產生焦香味的茶香氣。這是日本茶在製作過程中進行「入火」步驟形成的焙煎焦香味，也能用專門用語「火香（HIKA）」稱之。
焙火香
焙茶
玄米茶
圖表為大致的標準狀態，茶風味與茶香氣也會因商品或沏茶方式而異。特別是沏茶方式影響較鉅。以高溫沏茶，苦澀味和茶香氣較為明顯；以低溫沏茶，則散發出的甘甜味較強，可便於調整，因此此處揭載的是一般狀態。此外，也有如玉露或被茶的「覆香」，或是釜炒茶的「釜香」等具有此處未分類之獨特茶香氣的日本茶。
釜炒茶
甘甜味
苦澀味
莖茶
粉茶
深蒸煎茶
煎茶
被茶
玉露
抹茶
鮮嫩清新的香氣。在茶道專門用語中也可以用「嫩芽香（MIRUMEKA）」表示嫩葉的茶香氣。
青葉香

日本茶的種類

煎茶

日本人最熟悉的茶葉

一般常見的是茶湯色為清爽的黃色～黃綠色，且具有透明感的。

茶的特徵

- **茶湯色**　具清透感的黃色偏黃綠色
- **茶香氣**　帶清新感與清涼感的茶香氣
- **茶風味**　均衡良好的苦澀味與甘甜味

只要一提到茶，日本人便立刻會聯想到煎茶，是與日本人關係最深刻且熟悉的茶。除了靜岡縣與鹿兒島縣以外，在日本全國的茶產地皆有生產。爲了和深蒸煎茶區別，也稱爲「普通（蒸製）煎茶」。

和深蒸煎茶的差異在於茶青的蒸煮時間。將蒸煮時間固定在30～40秒是一種普遍規則，因此將其稱爲普通（蒸製）煎茶。

葉子的顏色是深綠色。越是上等的高級品，顏色越是鮮艷有光澤，葉子會呈現尖針狀。茶香清爽高雅，茶中的甜味、澀味、苦味、甘味亦有極致平衡。

以鮮豔的茶湯色和圓滑柔順的風味為特徵

深蒸煎茶

與普通（蒸製）煎茶相比，茶青的蒸煮時間多出2～3倍，因此稱爲深蒸煎茶。

由於蒸煮時間長，因此能夠抑制茶中原本的苦澀味，轉換成圓潤滑順的風味。此外，製作過程中容易粉碎，和普通（蒸製）煎茶相比，粉狀葉或纖細的葉子較多。

除了靜岡縣、鹿兒島縣、三重縣以外，日本全國各地的茶園皆有生產，推測煎茶的生產量約7成是深蒸煎茶。

此外，還有使用更長時間蒸煮製作的茶，稱爲「特蒸茶」。

茶湯色是濃郁又鮮豔的綠色。因為有許多纖細的茶葉或粉，因此也略比普通（蒸製）煎茶混濁。

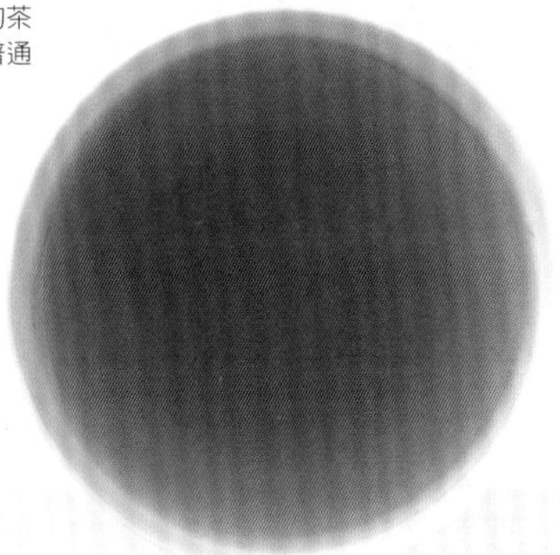

茶的特徵

- **茶湯色**　深綠色，高濃度
- **茶香氣**　帶有深度的茶香氣
- **茶風味**　苦澀味偏少，口感圓滑柔順

玉露

享用小小一杯日本茶中的最高級品

帶有清楚香甜與回甘風味的玉露，是日本茶中彌足珍貴的最高級品。飲用方法也如同其他茶類，並非是爲了潤喉解渴而飲用，而是品嚐極少量以享受其風味。讓玉露在舌上停留片刻，宛若海苔般的獨特香氣與甘甜味便四散在口中。

這香稱爲「覆香」，是經由被覆栽培這種栽培方法而產生。在採茶之前的20天左右，以稻草或葦簾等覆蓋茶園栽培，這種被覆栽培的方法能利用陽光抑制甘甜成分轉變爲苦澀成分，藉以留住甘甜。

京都府的宇治及福岡縣的八女等產地較爲知名。

淡黃色的茶湯色。品質越高，茶湯越清澈透明，但特徵會依產地而異。

茶的特徵

- **茶湯色**　清澈的淡黃色
- **茶香氣**　帶有類似覆香這種海苔的茶香氣
- **茶風味**　甘甜味濃郁，苦澀味較淡

被茶

煎茶的苦澀味與玉露的甘甜味兼具

雖因產地等因素而有所不同，茶湯色卻皆為帶有透明感的黃綠色。比煎茶的茶湯色更加偏綠一些。

茶的特徵

- **茶湯色**　略帶綠色的黃綠色
- **茶香氣**　覆香之中亦夾帶著清涼感
- **茶風味**　同時具備圓潤的甘甜味和苦澀味

採茶前覆蓋茶樹栽培的被茶。也寫作「冠茶」。相較於玉露須被覆栽培約20天，被茶只須被覆1星期到10天即可。因此被茶能保有煎茶的清爽香氣與苦澀風味，卻又同時兼備玉露的甘甜口感。

如果以溫潤的熱水緩慢且細心地沖泡，就能沏出玉露般高級圓潤又回甘的甘甜風味。以略熱的熱水沏出苦澀味，則能呈現出煎茶般的清爽風味，是能一茶二飲、品嚐兩種截然不同風味的茶葉。

代表產地爲三重縣，且出貨量亦爲日本第一。

釜炒茶

「釜香」獨特的焙煎焦香味極富魅力

釜炒茶的茶湯色是淡黃色。是清澈透明又明亮的顏色。

茶的特徵

- **茶湯色** 清澈透明的淡黃色
- **茶香氣** 散發強烈且獨特的釜香
- **茶風味** 清爽宜人的風味

取代蒸製茶青，以鍋炒方式終止發酵的釜炒茶。這種製法，據說是16世紀時由中國傳入日本。製造煎茶時，最後有一道「精揉」塑型的步驟，但釜炒茶少了這項步驟，所以茶葉形狀並非筆直狀，而是呈勾玉形捲曲的彎月狀。另外，釜炒茶也被稱作「釜炒製玉綠茶」。

釜炒茶的特徵，莫過於煎炒後的獨特香氣。利用鍋炒法消除草腥味，散發出煎炒的「釜香」，口感清爽宜人好入喉。

主要生產地爲九州地區，以宮崎縣的高千穗、佐賀縣的嬉野等地較爲知名。

蒸製玉綠茶

大波浪捲曲般的勾玉狀茶葉

以勾玉形狀爲特徵的蒸製玉綠茶。由於外型呈現飽滿的大波浪捲曲狀，因此也被稱作「蒸製GURI茶」。

蒸製玉綠茶是在大正時代末期（1926年前後）出現。當時，爲了輸出到以中國產的釜炒茶爲主流的俄羅斯，因而利用製造煎茶的機械，仿效製造釜炒茶才開始了蒸製玉綠茶的生產。

茶葉外型略帶圓狀，是因爲和釜炒茶一樣缺少了精揉步驟所致。因爲如此，口感上亦同樣抑制了苦澀味，以圓潤感爲特徵。

目前主要是在九州地區和靜岡縣的一部分進行生產。

蒸製玉綠茶的茶湯色是比釜炒茶更綠一些的黃綠色。

茶的特徵

- **茶湯色**　帶透明感的黃綠色
- **茶香氣**　微潤爽口的香氣
- **茶風味**　苦澀味偏少的圓潤風味

用茶筅點茶品嚐

抹茶

抹茶是由名爲「碾茶」的茶葉製造而成。

碾茶和玉露一樣，是利用被覆栽培法覆蓋茶園培育製成。用手採摘、蒸製後，不經過搓揉便直接乾燥，再去掉細小的莖和葉脈。然後使用茶臼將經過這些步驟才製成的碾茶研磨成細緻粉末，就是抹茶。

用茶筅點茶後飲用的抹茶，和沖泡後飲用的茶葉不同，能夠完全攝取茶葉中的營養素。抹茶的茶風味，是在苦澀中能感覺到典雅的甘甜味散發其中。抹茶近年也常被當作甜點的材料使用。

京都府的宇治、愛知縣的西尾、福岡縣的八女，皆爲知名產地。

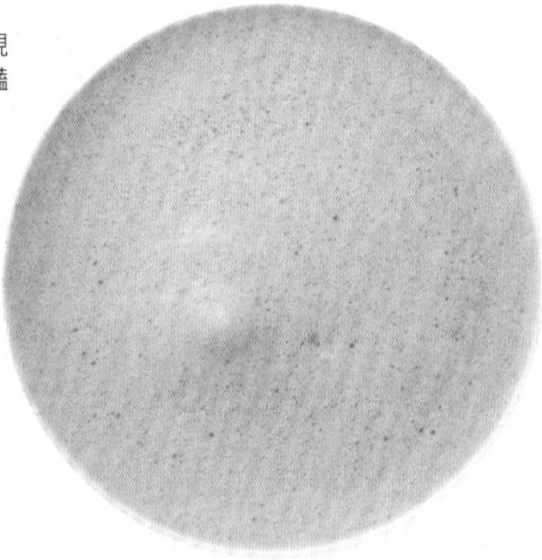

用茶筅打出泡沫，呈現潤滑感。茶湯色是鮮豔的黃綠色。

茶的特徵

- **茶湯色** 打出明亮的黃綠色
- **茶香氣** 新鮮茶葉的鮮嫩香氣
- **茶風味** 濃郁，且苦澀中能感受到甘甜味

莖部集結的清爽風味

莖茶

在日本茶的製造過程中，完成粗製茶（參照8頁）之前的最後一道手續，會將細小的莖部和粉末等篩選去除掉。這些被挑出的部分稱爲「出物」，從中集結莖部製造而成的，就是莖茶。依地區不同，莖茶也被稱爲「白折」。

玉露的莖茶稱爲「雁音」，最近也經常被當作是高級莖茶的別稱使用。石川縣的金澤以烘焙莖茶的「棒茶」聞名。

莖茶的特徵是清爽的香氣與淡雅的甘甜味。

莖茶的茶湯色是清澈的黃綠色。顏色偏淡。

茶的特徵

- 茶湯色　溫和淡雅的黃綠色
- 茶香氣　帶清新感與清涼感的茶香氣
- 茶風味　能在清爽中感覺到甘甜味

能在短時間內沖泡完成

芽茶

和莖茶相同，是在粗製茶完成前的最後一道手續中，另外集結了細小的茶芽部分製造而成。雖然名爲芽茶，但並非是採摘新芽後製成，而是指含有大量尚未生長成熟之茶葉的細芽。

芽茶的外型爲偏小的圓粒狀，因此能用高溫快速沖泡。因芽茶屬於茶葉生長中途的部分，所以甘甜味凝縮在其中，且顏色和香氣皆濃郁厚實。

煎茶等茶葉可回沖2～3次，但芽茶在茶葉舒張之前，可以無限次地回沖飲用。

茶湯色是濃綠色。茶葉外型偏小，細小的葉子容易沉澱，因此略有混濁。

茶的特徵

- 茶湯色　濃綠色
- 茶香氣　清晰明顯的強烈香氣
- 茶風味　濃郁厚實、苦澀適中

焙茶

濃郁煎焙香飄散的低刺激茶葉

和綠茶不同，茶湯色為明亮的褐色。煎焙香氣濃郁，顏色也較深。

茶的特徵

- 茶湯色　具透明感的明亮褐色
- 茶香氣　煎焙香氣飄散的焙火香
- 茶風味　清爽且輕盈的風味

如其焙茶之名，是將茶葉煎炒成褐色製成。不管怎麼說，焙茶煎炒而成的煎焙香氣，實在極富魅力。

由於製造過程中必須煎炒茶葉至水分消失，造成茶葉中的各種成分皆有減少，因此刺激性比較低，對胃溫和。無論是幼童或年長者皆適合飲用。

口感清爽，也經常被挑選爲用餐時的茶飲。

一般多以番茶、下等煎茶、莖茶等茶葉製成。在家裡也可以使用平底鍋、電烤盤、或烤麵包機等器具輕鬆製作。

玄米茶

在茶葉中混入煎炒過的米

玄米茶是以1比1的比例混合茶葉和炒米製成。煎炒過的米所帶有的煎炒香極具魅力。茶風味會依茶葉和炒米的調配比例而出現變化。

與番茶搭配的組合是最爲常見的主流作法，但是也有以煎茶或深蒸煎茶爲基調，或是加入抹茶調味的類型，變化相當豐富。

雖然稱爲玄米茶，但除了玄米以外，也經常會使用煎炒過的白米或糯米。

此外，像爆米花那樣的白色物質，是炸爆開的米。因爲是用於裝飾，不會對茶風味或茶香氣造成影響。

玄米茶的茶湯色大多是淡黃綠色，但會依使用的茶葉而略有差異。

茶的特徵

- 茶湯色　一般多為淡黃綠色
- 茶香氣　炒米的煎炒香相當突出
- 茶風味　清爽好入口

常見於壽司店的熟悉茶飲

粉茶

壽司店端出的茶大多是粉茶。濃郁且清晰的苦味非常突出，想讓口中清爽時，最適合喝這種茶。不僅可以消除魚貝類本身的腥味，也能期待綠茶兒茶素的抗菌作用。

和莖茶同樣是出物，由煎茶與玉露等的粗製茶過篩分開後製成。茶葉如其名非常的細，沏茶方式快速簡單。茶葉直接放進濾網內，再倒入熱水浸泡，不需要急須壺（小茶壺）就能沖泡。也會用來做成袋茶。

茶葉較細小，因此顏色容易釋出，茶湯色為深綠色。因為茶葉的粒子沉澱而混濁成濃郁的深綠色。

茶的特徵

- **茶湯色**　濃郁混濁的深綠色
- **茶香氣**　即使在短時間內沖泡，香氣依然濃郁
- **茶風味**　澀味與苦味皆突出

粉末茶和粉茶的差異

粉末茶，是將煎茶等茶葉的茶體徹底粉碎，加熱水溶解即可飲用的茶。和粉茶不同，粉末茶不會出現茶渣。

一般的番茶

茶的特徵

- **茶湯色** 清澈通透的黃綠色
- **茶香氣** 俐落且清爽宜人的香氣
- **茶風味** 甘甜味偏低的爽口風味

各式各樣
的部位
混合其中

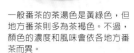

一般番茶的茶湯色是黃綠色，但地方番茶則多為茶褐色。不過，顏色的濃度和風味會依各地方番茶而異。

番茶

番茶的定義五花八門

番茶名稱的由來，有從第一批茶與第二批茶之間採摘的「番外的茶」轉變而來的說法；還有第三批茶與第四批茶等意思是較晚採摘的「晚茶」變化而來的說法等。

有時也會使用在煎茶的加工完成作業時挑選出來的大葉子，這種大片的茶葉在關西由於很像柳葉，而有「青柳」、「川柳」等稱呼。

另外，也有像是京番茶或美作番茶等，依地方的獨特製法製造的「地方番茶」。

焙茶是以番茶等爲原料煎焙的茶，但在北海道等地，有些地區會將焙茶稱爲番茶。

日本茶的品種不是只有「藪北」一種

認識日本茶的品種

常聽到的「藪北」，是茶葉的品種名稱。其實，茶樹也有各式各樣的品種。以下將介紹幾個代表品種。

依照茶樹的種類和當地的氣候環境適合栽培的品種也會跟著改變

目前，日本農林水產省登錄的茶葉品種約有50餘種。此外，也有依種苗法這項法律而登錄的品種。品種登錄外，也有極少數早已存在的在來種。

品種可大略區分成煎茶用、玉露・抹茶用、釜炒茶用、紅茶用。此外，因爲茶樹很容易受到霜害，因此在涼爽地區要選擇生長遲緩的晚生種等，必須考慮氣候環境和栽種地區等因素再選擇品種。不過，茶樹的經濟壽命達30～50年，栽種茶樹的幼樹直到獲取充分的收穫量必須耗費數年，由此可知，欲輕鬆改種其他品種並非易事。

「藪北」，是一種什麼樣的茶？

藪北的普及是在1960年代。除了容易栽培且收穫量穩定以外，最重要的特點是極度耐寒，適合任何區域栽種，因而栽種廣泛。目前日本國內的所有茶園面積之中，有約75％是栽種藪北，具有壓倒性的栽培面積比。

位於静岡市的藪北茶樹。

日本全國依品種區分的茶園栽種面積

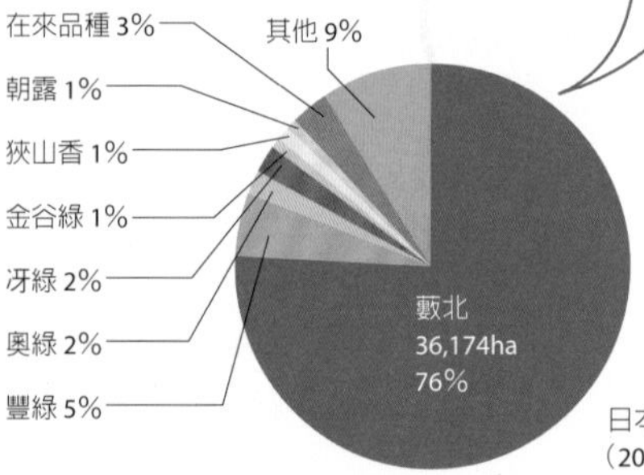

日本農林水產省調查（2009年）

品種的早晚性以藪北為標準

茶樹品種可以再細分為早生種、中生種、晚生種。早生種是第一批茶的採摘期比較早的品種，晚生種是比較晚的品種。中生種則是介於早生種和晚生種之間的品種，主要是以藪北為標準。早生種是採摘期比藪北早4～10天左右的品種，豐綠和冴綠等屬於此類。晚生種則是採摘期比藪北晚4～10天左右的品種，奧光和奧綠等屬於此類。

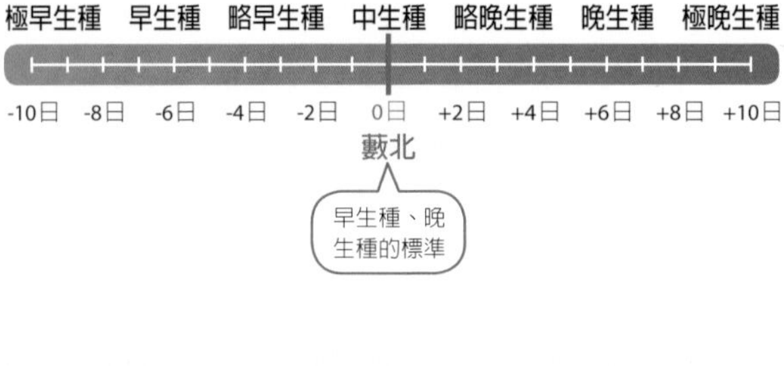

主要茶葉的品種與特徵

在日本各地栽培的各式茶葉品種。
以下介紹的是從日本栽培的品種當中，所挑選之具代表性的品種。

金谷綠
（かなやみどり）

S6與藪北的交配種。煎茶用的品種。茶湯色濃郁且容易釋出。具有鮮甜獨特的香氣。

主要生產地 鹿兒島縣、靜岡縣　**早晚性** 早生種

冴綠
（さえみどり）

藪北與朝露的交配種。煎茶用的品種。茶湯色為明亮綠色，會散發出強烈的清新香氣。

主要生產地 鹿兒島縣　**早晚性** 早生種

豐綠
（ゆたかみどり）

改良自朝露的品種。因較不耐寒，所以種植區域主要分布在九州地區。以被覆栽培後深蒸製成，而有濃厚的甘甜味。

主要生產地 鹿兒島縣
早晚性 早生種

朝露
（あさつゆ）

產生自宇治的在來種。適用於碾茶、玉露、被茶等被覆栽培的品種。有明顯的甘甜味，也被稱為天然玉露。

主要生產地 鹿兒島縣
早晚性 略早生種

露光
（つゆひかり）

是由靜岡縣的品種「靜7132」與朝露的交配種。呈現鮮嫩的綠色，適合做成深蒸煎茶。

主要生產地 靜岡縣
早晚性 略早生種

狹山香
（さやまかおり）

作為藪北的自然交配種，誕生於埼玉縣。具有耐寒能力強、製成煎茶時香氣濃郁等特徵。

主要生產地 埼玉縣、靜岡縣
早晚性 中生種

早綠
（さみどり）

誕生自宇治的在來種。適用於碾茶或玉露等被覆栽培的茶品種，為晶瑩剔透的綠色。也會製成煎茶使用。

主要生產地 京都府
早晚性 中生種

紅富貴
（べにふうき）

紅譽（BENIHOMARE）與枕Cd86的交配種。雖然是紅茶用的品種，但是保有抗過敏作用的甲基化兒茶素，可以製成綠茶。

主要生產地 鹿兒島縣
早晚性 中生種

奧光
（おくひかり）

藪北與中國品種「靜Cy225」的交配種。有清晰的茶香氣與鮮豔的茶湯色。雖然略有苦澀味，但耐寒性強，適合栽種於山間地。

主要生產地 靜岡縣
早晚性 晚生種

奧綠
（おくみどり）

藪北與靜岡縣的在來種交配而產生。沒有突出的特色，容易混合使用。可以製成煎茶用、玉露用等。

主要生產地 鹿兒島縣、京都府
早晚性 晚生種

依收成期區分的茶

究竟什麼是第一批茶、第二批茶？

日本的茶葉從八十八夜時採摘的第一批茶開始，大約每個月都能採收。

究竟哪個時期的茶葉才是高品質呢？

第一批茶（一番茶）

指當年春天開始生產的茶。「新茶」通常是指第一批茶。苦澀味少、甘甜味強，是品質最好的茶。第一批茶占整年度生產量的40～50%。

第二、第三批茶（二、三番茶）

指當年採摘的第二批茶和第三批茶。第二批茶是在第一批茶採摘約50天後採摘，第三批茶則是在第二批茶採摘後約30～40天採摘。一般來說，品質會依採收順序逐漸下降。

八十八夜

指自立春算起的第88天。現在的曆法中，是5月2日（閏年則是1日）。這個時期採摘的茶，風味和香氣的均衡狀態良好，是品質最好的茶。營養價值高，且被認為帶有不老長壽的好預兆。

秋番茶

到了秋天，為了替翌年的採茶做準備，而進行割下枝葉的「整枝」作業。用這時的茶葉製作的茶，稱為秋番茶。在春天進行整枝的山間地等地區，也會製作春番茶。

採茶的準備從前一年開始

茶芽摘取後還會再長。因此，採茶從春天到夏天會進行數次，再依摘取的順序區分。該年春天第一次採摘的就是第一批茶（春茶），稱爲一番茶。它的品質最好，之後，第二批茶（二番茶）、第三批茶（三番茶）的品質逐漸下降。依地區不同，有些地方會採收到第四批茶（四番茶）。

採茶的準備，是從前一年的秋天開始。到了秋天會開始整枝，爲了不讓翌年的新茶混有舊茶葉，而割下多餘的枝葉。用這時割下的茶葉製作的茶，稱爲秋番茶。利用整枝整理形狀的茶樹，到了冬天便進入休眠。茶不耐寒冷，所以要在茶樹根部鋪上稻稈與枯草抗寒。

經過休眠，到了春天新芽開始冒芽。並且又到了採茶的季節。雖有地區性的差異，不過第一批茶通常在3月下旬到5月下旬採收。第二批茶在5月下旬到7月中旬。第三批茶從7月中旬到8月中旬，第四批茶則從9月上旬開始。

依產地區分 新茶的採收時期

新茶的採茶時期依地區而異。
以下介紹具代表性之產地的新茶時期。

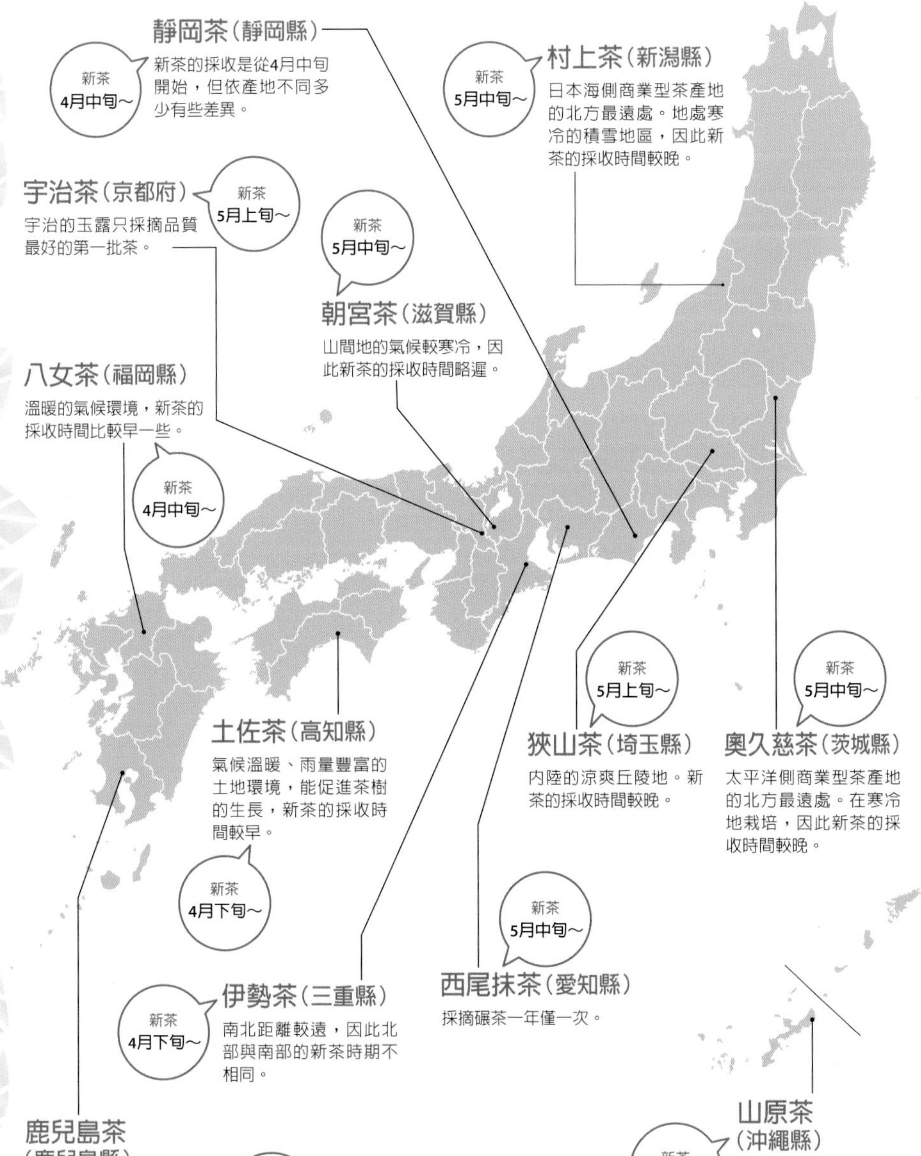

靜岡茶（靜岡縣）
新茶 4月中旬～
新茶的採收是從4月中旬開始，但依產地不同多少有些差異。

村上茶（新潟縣）
新茶 5月中旬～
日本海側商業型茶產地的北方最遠處。地處寒冷的積雪地區，因此新茶的採收時間較晚。

宇治茶（京都府）
新茶 5月上旬～
宇治的玉露只採摘品質最好的第一批茶。

朝宮茶（滋賀縣）
新茶 5月中旬～
山間地的氣候較寒冷，因此新茶的採收時間略遲。

八女茶（福岡縣）
新茶 4月中旬～
溫暖的氣候環境，新茶的採收時間比較早一些。

土佐茶（高知縣）
新茶 4月下旬～
氣候溫暖、雨量豐富的土地環境，能促進茶樹的生長，新茶的採收時間較早。

狹山茶（埼玉縣）
新茶 5月上旬～
內陸的涼爽丘陵地。新茶的採收時間較晚。

奧久慈茶（茨城縣）
新茶 5月中旬～
太平洋側商業型茶產地的北方最遠處。在寒冷地栽培，因此新茶的採收時間較晚。

西尾抹茶（愛知縣）
新茶 5月中旬～
採摘碾茶一年僅一次。

伊勢茶（三重縣）
新茶 4月下旬～
南北距離較遠，因此北部與南部的新茶時期不相同。

鹿兒島茶（鹿兒島縣）
新茶 3月下旬～
九州的最南端，氣候溫暖，新茶的採收時間也較早。

山原茶（沖繩縣）
新茶 3月上旬～
生產量較少，但以日本最早的新茶聞名。

一芯二葉是最高品質

茶葉品質會依採摘部位而改變

茶葉的品質除了會受採摘時期影響外，也會依採摘部位而改變。究竟要在何時、採摘哪個部位的茶葉才會是優質茶葉呢？

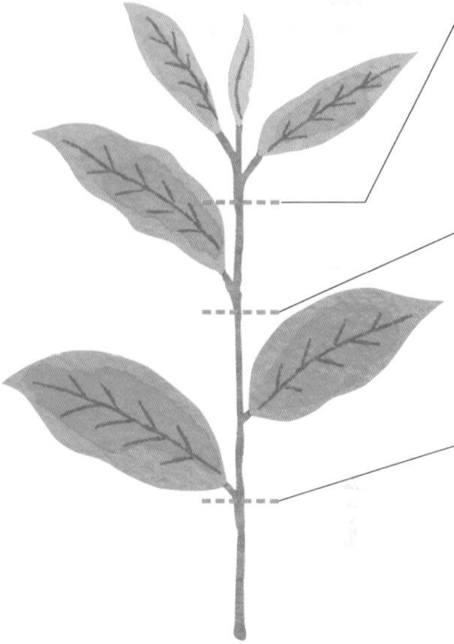

一芯二葉

意即採摘最上端芯芽部分至第二片的葉。最高級的玉露或上等煎茶等，都是使用這個部位製成。也稱為「二葉採摘」。

一芯三葉

意即採摘芯芽前端至第三片的葉。也稱為「三葉採摘」。雖然是高級茶葉，但收穫量比一芯二葉的茶葉多，品質略有下降。

一芯四葉～五葉

意即採摘芯芽前端至第四～五片的葉。也稱為「普通採摘」。普通品質的日本茶就是使用這個部位製成。

茶葉品質會因採茶時期和採摘部位改變

茶的新芽，是將芽梢部位捲起的5～6片於最後一片葉完全開啓的狀態稱爲「開面結束」。新芽開面的比例稱爲「開面程度」，採茶的最佳時機是開面程度達50～80%的時候。早春茶的採茶時機是30～50%（俗稱「小開面」）即可。開面程度如果超過90%，則茶葉的品質較爲低劣。

茶葉的品質也會依所採之已開面的茶葉部位而改變。從最上端的芽數算葉片的數量，即爲一芯二葉、一芯三葉……，採摘一芯二葉～三葉被認爲最爲合適。當中含有的成分會依採茶的時期而有異，因此生產者對於何時採茶及採摘部位等細節皆十分講究。

茶葉成分依採摘時期的變化

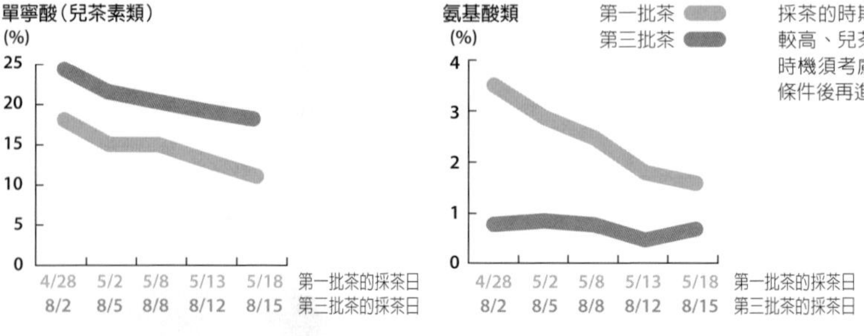

採茶的時期早，則氨基酸類較高、兒茶素類較少。採茶時機須考慮開面程度等各種條件後再進行。

日本茶知識圖鑑
Knowledge of Japanese tea

Part.2

發現珍愛的日本茶

依地區分類的日本茶圖鑑

日本茶的產地
不只有靜岡和京都。
日本各地可以生產出
各種多樣化的茶葉。
本章將爲您介紹代表性產地！

全日本產茶區MAP

日本全國的產茶地區甚多，製成的茶葉也各有各的特色。本地圖挑選出各產茶名區，為您介紹代表性的茶產地。

中部地區 ➡ P.40

（靜岡縣除外）

從日本海側、山間內陸部，以至太平洋側，茶產地以點狀分布其中。製造出許多生根於各地風土與文化的豐富茶葉。

主要茶種 煎茶、深蒸煎茶、被茶

第一批茶的採收時間 4月下旬～5月中旬

- 村上茶
- 長野·天龍茶
- 加賀棒茶
- 揖斐茶
- 新城茶
- 水澤茶
- 南部茶
- 吧嗒吧嗒茶
- 白川茶
- 西尾抹茶
- 伊勢茶
- 度會茶

關東地區 ➡ P.30

關東地區涵蓋了茶葉的最大消費區——東京。作為茶產地來看，關東地區的氣候較為冷涼，因此生產量不多，但全國知名的上等品牌也不少。

主要茶種 煎茶、深蒸煎茶

第一批茶的採收時間 5月上旬～5月下旬

- 黑羽茶
- 奧久慈茶
- 狹山茶
- 足柄茶
- 猿島茶
- 秩父茶
- 東京狹山茶

靜岡 ➡ P.56

縣內各地皆茶田廣布，是日本首屈一指的產茶名區。地形變化豐富，生產出具有各地區特色的茶葉。

主要茶種 煎茶、深蒸煎茶、玉露

第一批茶的採收時間 4月中旬～5月上旬

- 靜岡茶
- 掛川茶
- 本山茶
- 朝比奈玉露
- 川根茶
- 天龍茶
- 清水茶
- 遠州森茶

九州、沖繩地區

P.96

在得天獨厚的氣候條件下，栽培了多樣化的品種，生產量豐富。也有九州才有的獨特傳統製法。

主要茶種 煎茶、釜炒茶、蒸製玉綠茶

第一批茶的採收時間 3月上旬～5月上旬

- 八女茶
- 嬉野茶
- 世知原茶
- 熊本茶
- 岳間茶
- 因尾茶
- 高千穗釜炒茶
- 鹿兒島茶
- 穎娃茶
- 星野茶
- 彼杵茶
- 五島茶
- 矢部茶
- 耶馬溪茶
- 都城茶
- 五瀨釜炒茶
- 知覽茶
- 山原茶

近畿地區

P.66

日本的茶文化是以京都為中心的區域開始發展。有歷史支撐的上等名茶，也有受到地區傳統影響的小產地。

主要茶種 煎茶、抹茶、被茶

第一批茶的採收時間 4月下旬～5月中旬

- 宇治茶
- 朝宮茶
- 月瀨茶
- 川添茶
- 母子茶
- 京番茶
- 土山茶
- 大和茶
- 丹波茶

中國、四國地區

P.82

以宏偉的大自然孕育出的高山茶葉為開端，還生產了許多其他地區所沒有的個性茶葉。也留有一些地區密集型的小規模產地。

主要茶種 煎茶、番茶

第一批茶的採收時間 4月下旬～5月上旬

- 海田茶
- 用瀨茶
- 小野茶
- 寒茶
- 富鄉茶
- 土佐茶
- 大山茶
- 出雲茶
- 阿波番茶
- 高瀨茶
- 新宮茶
- 碁石茶

關東地區

雖為冷涼氣候的茶產地，卻也有不少全國知名的上等名茶

在栽培茶葉上，關東地區雖處在涼爽的氣候環境下，卻依然有不少全日本知名的品牌。

茶產量最高的地區，是埼玉縣西部往東京都多摩地區擴展的狹山丘陵一帶。狹山茶的生產量在全日本看來雖然不算多，卻是東京近郊爲中心擴展的區域間，相當令人熟悉的茶葉之一。

此外，還有茨城縣的奧久慈茶與栃木縣的黑羽茶等位於更北方位置的生產地。這些地區的生產性更不高，但有一說法認爲冬季茶樹冬眠的部分，都轉換爲甘甜味凝縮在春季的新茶之中。

狹山茶

P.36

- 夢若葉
- 狹山50
- 五右衛門番茶

秩父茶

P.35

- 深山一雫
- 秩父焙茶

足柄茶

P.38

- 足柄茶 白梅
- 足柄茶 向陽茶

栃木 黑羽茶

山間地才有的獨特芳醇風味

位於栃木縣北東部的大田原市須賀川地區生產的茶葉。在涼爽山間地的丘陵栽培的茶葉，體型雖小卻味道濃郁，可以回沖2～3次。

品種以藪北爲中心，也栽培具有個性的在來種。新茶採收期略晚，大約是在5月下旬。

煎茶

八十八夜

在久慈川的上游——押川流域生產，也稱作須賀川茶。鮮香度與茶風味皆出色，回沖第2次、第3次仍依然美味。飲用當時有芳醇感，後味則清爽宜人。

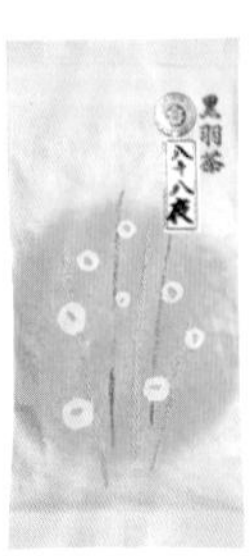

80～85℃ 1分鐘

製造 須藤製茶工廠
品種 藪北
價格 100g 1,100日圓
諮詢電話 +81-287-58-0010
URL 無

茶湯色 綠 色 ●●●●◆● 黃 色
茶香氣 焙火香 ●●●◆● 青草香
茶風味 甘甜味 ●●●◆● 苦澀味

茨城 猿島茶

以深蒸製法萃取出濃郁的滋味

茨城縣生產最多的茶，就是以西部的境町、秔東市爲中心的猿島地方的猿島茶。這一帶位於關東平原中央，此地爲古老的火山灰堆積而成的酸性土壤。這種土壤促進茶芽的成長。

雖是年平均氣溫14℃的溫暖氣候，卻也是夏季炎熱，冬季受到凜冽的西北風

深蒸煎茶

薰風

只使用第一批茶，能品嚐到新鮮香氣。是擁有深蒸煎茶特有的芳醇濃郁與甘甜味，以及苦澀適中宜人的茶。

80℃ 30秒～1分

製造 茶葉的猿山野口園
品種 藪北、冴綠
價格 100g 1,000日圓
諮詢電話 +81-280-87-0523
URL 無

茶湯色 綠 色 ●◆●●●● 黃 色
茶香氣 焙火香 ●●●●◆● 青草香
茶風味 甘甜味 ●◆●●●● 苦澀味

侵襲的地區，茶葉長得厚實爲其特色。爲了讓濃郁的香味變得圓潤，猿島茶以深蒸製法的煎茶爲主流。

此外，這個地域有許多擁有自己茶園自製自售的生產者，活用各自的講究重點，細心的製茶法根深蒂固。新茶的採收從5月上旬開始。

另外，猿島茶自古便是輸出海外的知名日本茶。據說猿島茶的栽種始於江戶時代初期，當時與其他地區相比品質較差，所以評價並不好。然而，1830年代從宇治學習製法改良品質，之後成長爲在江戶也博得人氣的茶。

如此高品質的猿島茶，在當地富農中山元成推銷到美國的契機下，於締結日美友好通商條約的翌年1859年，猿島茶開始輸出國外。

關東

深蒸煎茶

稀天

80°C

1分鐘

製造　飯田園
品種　藪北、金谷綠
價格　100g　1,000日圓
諮詢電話
+81-280-87-1547
URL　http://www.geocities.jp/iidaencha/

茶湯色 綠　色	○◆○○○○	黃　色
茶香氣 焙火香	○○◆○○	青草香
茶風味 甘甜味	○◆○○○○	苦澀味

使用自有茶園栽培的茶青，從製造到販售，採行一貫制的生產銷售。深層的韻味與香氣是其特徵，是能回沖品嚐達3次之多的人氣商品。

茨城

奧久慈茶

傳承一如既往的傳統手揉製法

在茨城縣北部，受惠於豐富大自然的大子町所製造的奧久慈茶。一般而言流通的茶葉生產地，相當於太平洋側的北邊界限。

儘管氣候略微寒冷，但製茶歷史悠久，據說約在1593年由京都宇治傳來。活用山間地特有的溫差，和雨霧多的氣候條件，製造優質的茶葉。

比起量更重質的奧久慈茶活用傳統的手揉技術，這種製茶法如今也傳承下來。

如針般纖細有光澤的茶葉，是具有濃郁滋味與高貴茶香氣，大受歡迎的上等煎茶。新茶的採收比其他產地略晚，是從5月中旬開始，生產的煎茶是奧久慈茶的第一批春茶。

深蒸煎茶

花之里

80°C
30秒~1分

製造 吉成園
品種 藪北
價格 100g 1,000日圓
諮詢電話 +81-295-78-0121
URL 無

茶湯色 綠 色 ↔ 黃 色
茶香氣 焙火香 ↔ 青草香
茶風味 甘甜味 ↔ 苦澀味

充滿山間地特有濃郁感與甘甜味魅力的上等煎茶。第一沖有濃厚風味，第二沖為清爽香氣。含有大量對健康有益的表沒食子兒茶素沒食子酸酯（Epigallocatechin gallate，EGCG）成分。

埼玉 秩父茶

生長在山林環繞四周的嚴寒環境

雖然也可以包含在狹山茶內，但是在秩父地區栽培的茶葉，味道和內陸地區的茶葉不同，稱爲秩父茶。秩父茶的茶樹，是在低溫的山間地區緩慢生長的，因此有強烈的甘甜味與深層的濃郁滋味等特徵。新茶約在5月中旬開始採收。

冬季時偶爾也積雪的秩父茶茶園。

關東

焙茶 秩父焙茶

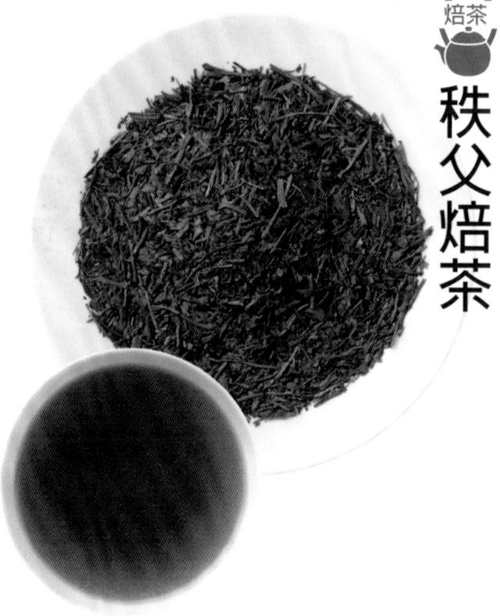

使用秩父生產的豆渣等安全肥料，以無農藥的方式細心栽培而成。以低溫長時間煎焙第一批茶，利用這種獨特製法，做出帶有淡淡綠茶香氣的精美茶葉。

95˚C
3分鐘

製造　出浦園
品種　狹山香、藪北
價格　100g　800日圓
諮詢電話
+81-494-79-0036
URL　http://www.omisejiman.net/ideuraen/

茶湯色 綠　色 ◆・・・・ 黃　色
茶香氣 焙火香 ◆・・・・ 青草香
茶風味 甘甜味 ◆・・・・ 苦澀味

深蒸煎茶 深山一雫

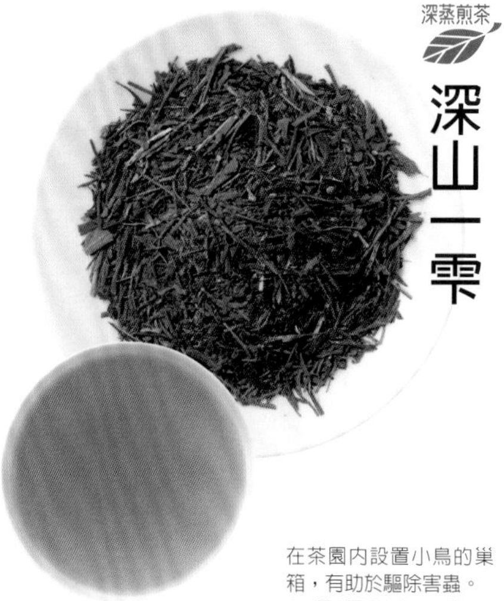

講究於無農藥的自然農法。加熱步驟是在鋪上和紙的爐子上以手工作業完成。

在茶園內設置小鳥的巢箱，有助於驅除害蟲。

80～90˚C
1分鐘

製造　秩父茶本舖
品種　藪北、狹山香
價格　100g　1,500日圓
諮詢電話
+81-494-75-0053
URL　無

茶湯色 綠　色 ・・・◆・ 黃　色
茶香氣 焙火香 ・・・◆・ 青草香
茶風味 甘甜味 ・◆・・・ 苦澀味

埼玉

狹山茶

以獨特的乾燥處理製成帶有濃厚煎炒香氣的茶

如同「狹山採茶歌」歌詞中所說：「色在靜岡，香在宇治，味則狹山爲絕韻」，狹山茶的美味有口皆碑。它是以入間市爲中心，往外擴展到狹山市和所澤市一帶栽培。

狹山茶起源自鎌倉時代。到了江戶時代，蒸製煎茶的製法瞬間在關東傳開，以江戶爲起點的廣泛地區很快地熟悉了它。

茶園廣闊的武藏野丘陵地，雖然是一到冬季便偶爾會降霜的寒冷氣候，但是在冬季能蓄存營養，會長出肉質較厚的葉子。而且因爲冷熱溫度的差距大，甘甜味全都凝縮在茶葉之中。

決定狹山茶風味的步驟，是以強火爲厚肉茶葉極力進行的「乾燥處理」，這個步驟稱爲「狹山烘焙」。經過這一道流傳自江戶時代的製造方法，可以帶出烘烤的香氣與濃郁的風味，即使茶葉的量很少，依然能端出美味出色的茶。

深蒸煎茶

夢若葉

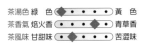

65°C

1分鐘

製造　茶工房比留間園
品種　夢若葉
價格　70g　1,000日圓
諮詢電話
+81-120-514-188
URL　http://gokuchanin.com/

茶湯色	綠　色	◆・・・・・	黃　色
茶香氣	焙火香	・・・・◆・	青草香
茶風味	甘甜味	・◆・・・・	苦澀味

使用埼玉縣生產的新品種「夢若葉」在栽培和製茶方法上煞費苦心，誘發出香草般的甘甜香氣。苦澀味偏少，溫和甘甜味突出的出色茶品。

當地生產的幾乎都是煎茶，第一批茶的採收期約從5月上旬開始。也因爲是距離茶葉消費量較多的東京相當近的茶產地，因此狹山茶也是關東地區的高人氣茶飲。從茶葉的栽培到販售全部自行處理的農家甚多，這種「自有茶園自製自販」的型態也是狹山茶的一大特徵。

位於內陸寒冷地區的狹山茶茶園。

煎茶

狹山50

友野園以自有茶園自製自販的方式，販售價格便宜的高級茶葉。這款煎茶採取微深蒸製法，能享用到狹山茶帶有的濃厚甘甜味。

75℃
30秒

製造　**友野園**
品種　藪北、福綠
價格　100g　500日圓
諮詢電話
+81-4-2934-1854
URL　無

茶湯色 綠　色 —— 黃　色
茶香氣 焙火香 —— 青草香
茶風味 甘甜味 —— 苦澀味

番茶

五右衛門番茶

不搓揉晚秋時採收的硬葉，直接用熱水烹煮製造。

苦味較少且略帶甜味的番茶。可以用手捏碎茶葉後放入，沖煮後飲用也OK。

100℃
90秒

製造　**友野園**
品種　奧光
價格　100g　450日圓
諮詢電話
+81-4-2934-1854
URL　無

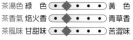

茶湯色 綠　色 —— 黃　色
茶香氣 焙火香 —— 青草香
茶風味 甘甜味 —— 苦澀味

東京

東京狹山茶

配合江戶之子所需的濃郁煎茶

狹山茶之中，在埼玉縣縣境位置的東京都多摩地區生產的茶葉，爲了和埼玉縣生產的作區別，另外稱作東京狹山茶。

主要產地爲瑞穗町、青梅市、武藏村山市、東大和市等。藉由「狹山烘焙」這個步驟，做成濃郁香醇的煎茶。

深蒸煎茶

高級銘茶 藪北NOBORU

採用獨自的有機肥料和製茶方法，是藤本園的代表茶。喜愛濃郁茶飲的民衆一定會喜歡這款茶。飲用時有芳醇感飲用後卻又爽朗舒暢的風味。

80℃
1分鐘

製造 狹山茶 藤本園
品種 狹山香、藪北
價格 100g 1,000日圓
諮詢電話
+81-42-557-0652
URL 無

茶湯色 綠 色 ●◆●●● 黃 色
茶香氣 焙火香 ●◆●●● 青草香
茶風味 甘甜味 ●◆●●● 苦澀味

神奈川

足柄茶

活用有利的栽培環境守住穩定的品質

在丹澤．箱根山麓一帶，1923年發生關東大地震之後，免費發送茶樹種子作爲山村產業復興對策，於是開始栽種茶樹。

1963年在日本全國茶品評會獲得一等獎。近年也榮獲各種獎項，並且獲選爲「神奈川名產100選」。現在，小田原市、秦野市、南足柄市、相模市等廣闊的

煎茶

足柄茶 白梅

品質的良好程度在日本全國茶品評會亦有著墨。緊固凝縮的茶葉為深綠色，沖泡後為淡黃金色的茶湯色。是兼具甘甜味和苦澀味，味道均衡的茶葉。

80℃
1分鐘

製造 神奈川縣農協茶業中心
品種 藪北
價格 100g 700日圓
諮詢電話
+81-465-77-2001
URL http://www2.ocn.ne.jp/~ashigara/

茶湯色 綠 色 ●●●◆● 黃 色
茶香氣 焙火香 ●●●◆● 青草香
茶風味 甘甜味 ●●◆●● 苦澀味

地域，皆有茶農從事製茶。

這片土地的土壤排水順暢，含有許多決定茶葉品質的全氮量這種成分。因山麓地區日照時間短，茶葉成長本身非常緩慢，可充分吸收土壤的養分，因而擁有極佳的品質。

此外，初春產生的朝霧，成了保護新芽阻擋紫外線的簾幕。由於這個效果，使得美味成分的氨基酸較多，澀味成分的單寧較少，形成味道與香味溫和的茶。摘取後的柔軟茶青蒸約40秒，便成了普通蒸製煎茶。

新茶的採收從5月上旬開始。

廣布在日照時間短的山間區域的足柄茶茶園。

煎茶

足柄茶 向陽茶

70°C

30秒～1分

製造 茶來未
品種 藪北等
價格 60g 1,000日圓
諮詢電話
+81-466-54-9205
URL http://www.chakumi.com/

茶湯色 綠色 ◆ 黃色
茶香氣 焙火香 ◆ 青草香
茶風味 甘甜味 ◆ 苦澀味

重視新芽的鮮嫩香氣、期間限定的新茶。在世界綠茶競賽有史以來第一位2次獲得最高金獎的茶師，實行自己獨特的加熱烘焙法，做出溫和風味。

中部地區（靜岡縣除外）

自廣闊範圍栽種各式各樣的茶種

中部地區橫跨寬廣範圍的茶葉生產地，其實非常豐富多元。這裡將介紹靜岡縣以外的中部地區。

在凜冽嚴寒的日本海側，有作爲北方界限之茶而聞名的新潟縣村上茶；富山縣有日本珍貴的一種後發酵茶，可製成吧嗒吧嗒茶；石川縣有人氣的加賀棒茶作爲高級焙茶等，各地皆有製造獨特個性的茶。

另一方面，位於溫暖太平洋側的三重縣，是延續靜岡縣與鹿兒島縣的茶業生產地。尤其是被茶，更自豪擁有日本第一的生產量。另外，愛知縣西尾市在日本全國是作爲屈指可數的抹茶生產地而知名，這裡栽培了作爲抹茶原料的豐富碾茶。

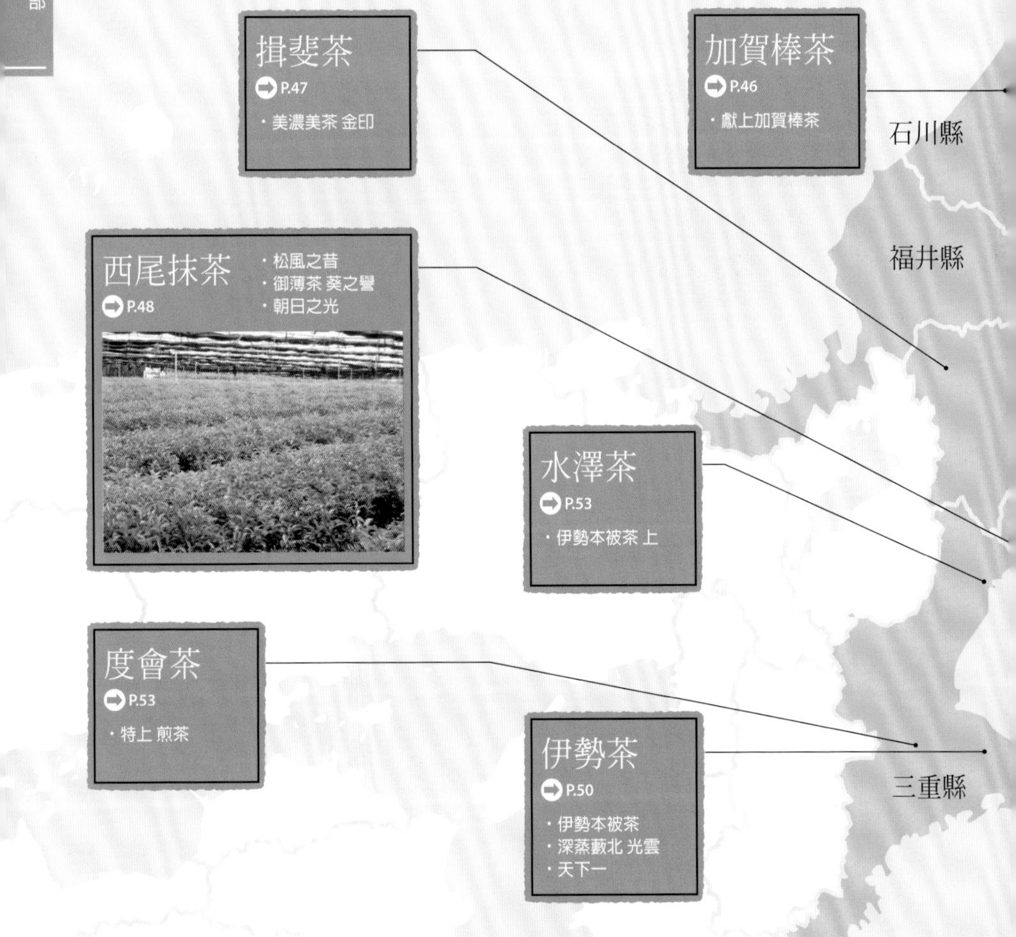

新潟

村上茶

活用嚴寒環境 打造獨特風味

鄰接山形縣的新潟縣村上市，一到冬季，便是靄靄白雪的景象，但這裡早在400年前，就已經開始了茶樹的栽培。現在，村上市是商業型的茶產地中，日本海側的地理位置最北邊的產茶城市。

與其他產地相比，這裡的日照時間較短，1～2月的茶園全被白雪層層覆蓋，也因此抑制了葉子進行光合作用，使苦味成分的含量較少。抵禦晝夜寒暖的差異，在白雪下蓄存營養緩慢生長的茶樹，甘甜味尤其顯著。在栽培育茶的漫長歷史中，大多會栽培適合寒冷地的在來種，然而近年也開始栽培「藪北」、「福綠」、「露光」等新品種，這些茶種具有獨特風味而人氣極高。

新茶的採收爲5月中旬。

煎茶

八千代

藉由微弱的加熱烘焙，讓第一批茶帶有清爽的香氣。用放涼的熱水沖泡，會有圓潤香醇之感；用滾燙的熱水沖泡，則有結實穩定的風味。

70～80℃
20～30秒

製造 茶葉的常盤園
品種 藪北、福綠、露光
價格 100g 1,500日圓
諮詢電話 +81-254-52-2024
URL http://maruki-tokiwaen.com/

茶湯色 綠 色 — 黃 色
茶香氣 焙火香 — 青草香
茶風味 甘甜味 — 苦澀味

玄米茶

越光玄米茶

技藝精湛的製茶師傅從培育土壤到製茶生產全都細心講究的限定數量的珍品傑作。在村上產的綠茶中加入新潟縣產的越光玄米，再製造成帶有烘焙香氣的茶葉。

90℃
30秒

製造 富士美園
品種 福綠、在來種等
價格 150g 750日圓
諮詢電話 +81-254-52-2716
URL http://fujimien.jp/

茶湯色 綠 色 — 黃 色
茶香氣 焙火香 — 青草香
茶風味 甘甜味 — 苦澀味

山梨
南部茶

甘甜味突出 能輕鬆品嚐的茶飲

位於南阿爾卑斯山麓的南部町，是受惠於溫暖氣候與降雨量的土地。這裡已有超過1000年以上的茶葉栽培歷史。

澀味與苦味等口感較少，幾乎都是做成普通蒸製煎茶。

新茶的採收從5月上旬開始。

南部茶的茶園能遠眺雄偉壯麗的南阿爾卑斯山脈。

煎茶

和茶

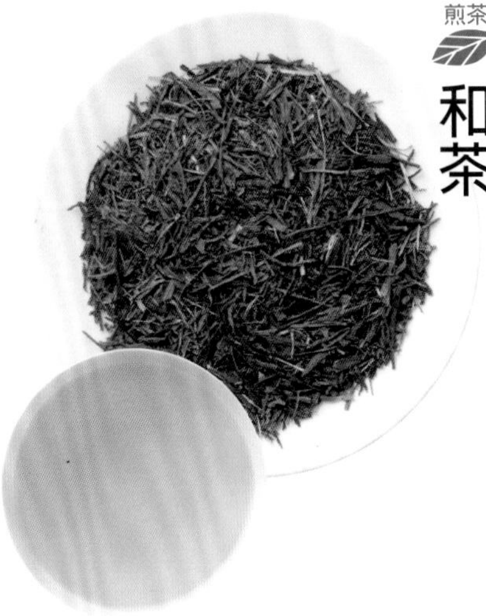

在梅島之里這個山間地栽培的茶葉，由園主親自仔細地製茶。含有豐富的甜味成分「茶氨酸」，是甘甜味與苦澀味均衡的出色茶品。

75°C
80秒

製造 丸和茶園
品種 藪北
價格 100g 1,000日圓
諮詢電話
+81-556-67-3458
URL http://maruwa-cha.com/

茶湯色 綠 色 ◯ 黃 色
茶香氣 焙火香 ◯ 青草香
茶風味 甘甜味 ◯ 苦澀味

煎茶

海路

再次煎焙粗製茶，誘發出茶香氣和茶風味，於新鮮狀態下裝袋密封。在霧濃的峽南地區育成的高香氣茶葉，兒茶素含量豐富。

70 80°C
90秒

製造 春木屋
品種 藪北、豐綠
價格 100g 600日圓
諮詢電話
+81-120-35-4121
URL http://www.88ya.co.jp/

茶湯色 綠 色 ◯ 黃 色
茶香氣 焙火香 ◯ 青草香
茶風味 甘甜味 ◯ 苦澀味

長野

長野・天龍茶

在山間培育的清爽茶品

跨越長野縣、靜岡縣、愛知縣的天龍川，位於山脈的低谷間，兩側的斜面陡坡上茶園廣布。

這個土地有冷熱溫度差異，朝霧多，是非常適合育茶的土地。藉由川霧所栽培的葉子肉質較厚，能製出帶有清爽香氣與風味的茶葉。

新茶的採收從5月初旬開始。

中部

煎茶

天龍之響

在長野縣最南端茶園培育的茶葉中，混入天龍川下游（靜岡）的茶葉。以山間茶飲獨特的清爽香氣為特徵。容易飲用，不妨當作平日的茶飲使用。

80～90℃

1分鐘

製造　茶元三原胡蝶庵

品種　藪北

價格　80g　1,000日圓

諮詢電話

+81-263-73-0415

URL　http://www.kochouan.jp/

茶湯色	綠　色 ◆ 黃　色	(2/5)
茶香氣	焙火香 ◆ 青草香	(4/5)
茶風味	甘甜味 ◆ 苦澀味	(3/5)

TEA BREAK

品茶休憩時刻

抹茶的旺季在秋天

提到新茶，會令人想到春天到初夏的時期。不過，抹茶卻是在11月迎接旺季。這是因爲抹茶的原料碾茶，熟成後茶風味更佳。

5月摘下乾燥後的碾茶倒進茶壺，發酵到秋天，更增甜味且味道更溫潤。用茶臼磨碎製成抹茶品嚐，是先人想出的極致品嚐方式。在茶道的世界裡，將開始使用該年抹茶的秋天視爲正月，在11月初旬的立冬舉行「新茶品茗會」。

江戶時代，迷上靜岡本山茶的德川家康，建造保管碾茶專用的建築物，使用熟成到晚秋的抹茶，在駿府城享受茶會。

在宇治市興聖堂舉行的新茶品茗會。打開茶罐的封印，舉行自春天便保存至今的茶葉的啓用儀式。

富山

吧嗒吧嗒茶

用專用的茶筅打泡 日本少見的黑茶

與新潟縣境交界附近的富山縣朝日町，是面臨日本海與白馬岳的茶產地。這裡的人自古便飲用日本少見的黑茶。

所謂黑茶，就是後發酵茶，在中國是以普洱茶爲代表，特色是能感覺到微微的酸味。

這個地方的黑茶，不在新芽的階段摘取，而是在7月份，將成熟的茶葉連枝割下。再用蒸製器具蒸過後發酵1個月，再利用陽光曝曬乾燥。

然後，黑茶所使用的一貫飲用方式，是在室町時代流傳至今的吧嗒吧嗒茶。黑茶用水壺煮過倒入碗中，用夫婦茶筅這種2支一組的茶筅，吧嗒吧嗒地打泡後再喝。打泡讓味道更滑潤，而泡泡在口中破掉，更有一種爽快的感受。

後發酵茶

吧嗒吧嗒茶

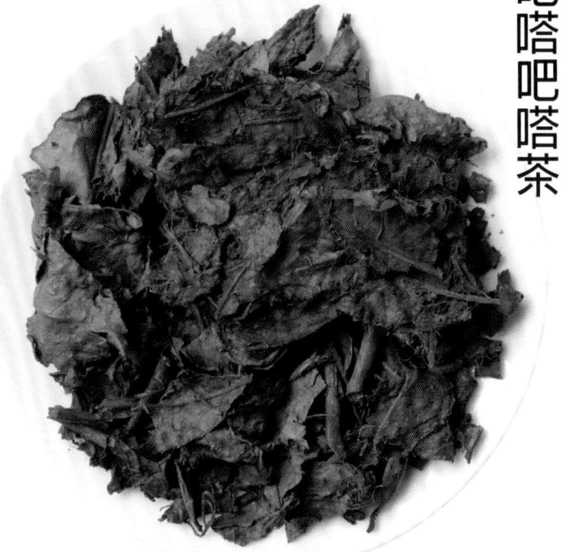

100℃
1小時

製造 朝日
品種 藪北
價格 100g 500日圓
諮詢電話
+81-765-83-2688
URL 無

茶湯色 綠 色 — 黃 色
茶香氣 焙火香 — 青草香
茶風味 甘甜味 — 苦澀味

先將茶葉裝進棉布袋內，再將煮出的汁液倒入五郎八茶碗這種碗中打泡，是吧嗒吧嗒茶的傳統飲法。也可以不打泡就直接飲用，且夏天冷藏後的風味更佳。

石川 加賀棒茶

使用以明治時代推廣的莖為主要原料的焙茶

所謂加賀棒茶，就是以茶莖爲原料的焙茶。特色是淡淡的煎炒清香，全日本有不少愛好者。

江戶時代，在加賀藩前田家的製茶獎勵政策下，金澤非常盛行製茶。栽培法與製茶法皆從京都宇治傳來，如今亦是茶道文化根深蒂固，但日常生活中一般人大多喜愛喝焙茶。尤其，是以茶莖製作的焙茶爲主流，這點在全日本亦極爲少見。

金澤的棒茶，是在明治時代中期研發出來，拿之前丟棄的第二批茶以後的莖煎焙，是金澤棒茶的開端。莖比葉難煮熟，所以要用大火烘焙一下來烘出香味。原本是給平民百姓喝的價錢便宜的茶，現在則廣泛生產出從高級品到日常飲用的類型皆有的棒茶。

焙茶

獻上加賀棒茶

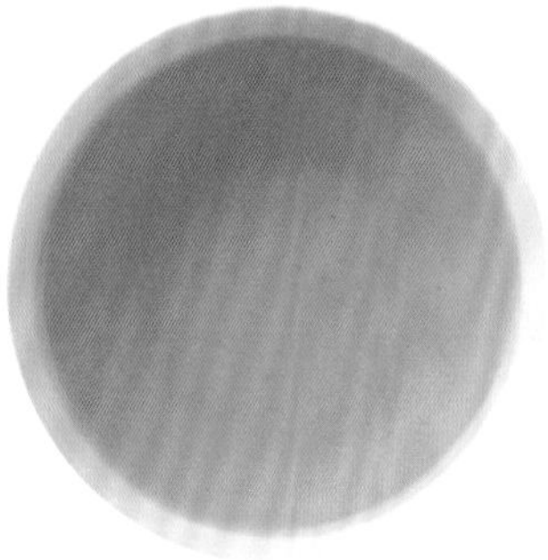

100℃
25秒

製造　丸八製茶場
品種　藪北等
價格　100g　1,200日圓
諮詢電話
+81-120-415-578
URL　http://www.kagabouchа.co.jp/

茶湯色 綠　色	●●◆●●	黃　色
茶香氣 焙火香	◆●●●●	青草香
茶風味 甘甜味	●◆●●●	苦澀味

敬獻給昭和天皇的棒茶。將最早採摘的莖煎炒出淡淡清香。也建議做成水浸式的冷茶。美味沖泡時，茶湯色會是清澈通透的琥珀色。

岐阜

白川茶

在河岸的傾斜地少量栽培

白川茶擁有400年的歷史。

在岐阜縣中央位置的白川町與東白川村生產此茶。這個地區是在飛驒川與其支流沿岸的山間地，茶樹充分吸收來自山地的礦物質，形成芬芳的好茶。儘管生產量少，卻是博得人氣的高級茶。

岐阜

揖斐茶

自江戶時代開始深具傳統的產地

在岐阜縣西部，池田山麓排水良好的沖積扇，自古以來栽種茶樹。1822年，從宇治招聘茶師開始製作煎茶，之後也不斷提升品質累積名聲。以岐阜縣推薦的純淨農業爲中心所培育的茶，高雅的香氣別具特色。新茶的採收從4月下旬開始。

莖茶

奧美濃白川茶 莖茶

由奧美濃白川最早採摘的上等新芽的莖製成的莖茶。富含氨基酸，茶風味既甘甜又俐落。

80°C
1分鐘

製造　尾張一宮 茶之福壽園
品種　藪北
價格　100g　500日圓
諮詢電話
+81-586-73-4509
URL　http://www.138-fukujyuen.com/

茶湯色 綠　色 ● ● ◆ ● ● 黃　色
茶香氣 焙火香 ● ● ◆ ● ● 青草香
茶風味 甘甜味 ● ● ● ◆ ● 苦澀味

煎茶

美濃美茶 金印

1881年創業的老舖精心製造的銘茶。以獨自的方式混茶，再經過遠紅外線、熱風、直火等三階段的加熱烘焙，製造出豐潤香氣。

80°C
30秒～1分

製造　瑞草園
品種　藪北等
價格　100g　610日圓
諮詢電話
+81-585-45-2068
URL　http://www.zuisoen.co.jp

茶湯色 綠　色 ● ● ◆ ● ● 黃　色
茶香氣 焙火香 ● ◆ ● ● ● 青草香
茶風味 甘甜味 ● ◆ ● ● ● 苦澀味

愛知

西尾抹茶

以細心的栽培方法生產優質抹茶

西尾茶的故鄉，就在南北向流經愛知縣中央的矢作川流域最南端，以西尾市爲中心的區域。溫暖的氣候及排水良好的紅土層，使這一塊丘陵地得天獨厚。

這個地區從13世紀開始栽種茶樹。西尾市內的紅樹院院內，至今仍保有西尾抹茶的原樹。

到了明治時代，從京都宇治帶來抹茶的製法，正式展開抹茶的生產。現在生產量幾乎由抹茶占據，這裡也成爲知名的高級抹茶產地。

而原料碾茶的生產量，在全日本也是首屈一指。在長出新芽的20天前用寒冷紗覆蓋茶園，以遮蔽日光的被覆栽培讓茶樹生長，此種栽培方法亦是當地的主流。藉此能長出柔嫩的新芽，茶葉會有柔和的香味。

現在日本的採茶作業，普遍以機械進行，西尾抹茶昔日的手採方式依然根深蒂

抹茶

松風之昔

80°C

無

製造 南山園
品種 早綠、藪北
價格 30g 1,000日圓
諮詢電話
+81-566-99-0128
URL http://nanzanen.jp/

茶湯色	綠色	◆・・・・	黃色
茶香氣	焙煎香	・・・◆・	青草香
茶風味	甘甜味	◆・・・・	苦澀味

能完全享受鮮豔綠色、上等香氣、濃醇甘甜味等西尾抹茶的特徵。能以這種合理價格購得抹茶，實在令人欣喜。可以在招待賓客或茶道練習時使用。

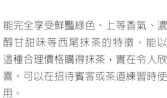

固是一大特色。經由如此細心的摘採方式，完成上等的抹茶。

新茶的採收從5月中旬開始。

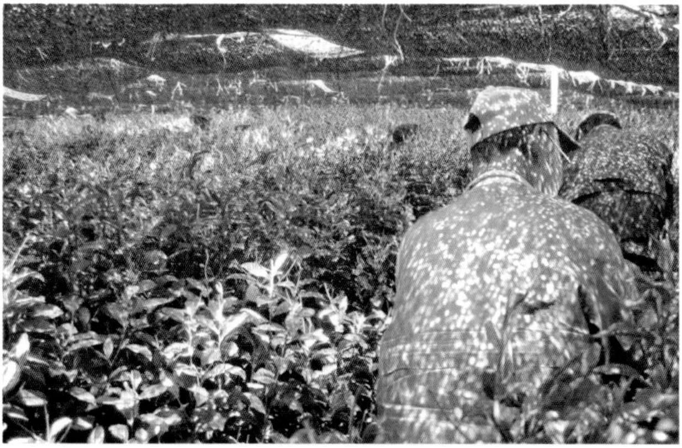

西尾在寒冷紗的覆蓋下，目前實行著難得一見的手摘採收法。

抹茶

朝日之光

過去曾在日本全國茶品評會7度榮獲日本農林水產大臣獎的茶園。有明顯的清爽香氣與濃郁芳醇感。收成時以手工採摘，再用茶臼慢慢研磨，做出溫潤滋味。

70℃

無

製造　朝日園製茶工廠
品種　早綠
價格　30g　1,300日圓
諮詢電話
+81-563-57-2778
URL　http://www016.upp.so-net.ne.jp/asahien/

茶湯色 綠　色 ●◆●●●● 黃　色
茶香氣 焙火香 ●●●●◆● 青草香
茶風味 甘甜味 ●◆●●●● 苦澀味

抹茶

御薄茶 葵之譽

由大正時代創業的老舖製造，以茶臼研磨的最高級的御薄茶。甜味、甘味、澀味的均衡良好，是同時能作為濃茶使用的奢華抹茶。

70℃

無

製造　葵製茶
品種　早綠、朝日
價格　30g　2,000日圓
諮詢電話
+81-120-101-873
URL　http://www.aoiseicha.co.jp/

茶湯色 綠　色 ●◆●●●● 黃　色
茶香氣 焙火香 ●●●●◆● 青草香
茶風味 甘甜味 ●●◆●●● 苦澀味

愛知

新城茶

利用水的優勢培育山間地栽培的煎茶

位於愛知縣東側的新城市，是愛知縣的首要煎茶生產地。其茶葉生產歷史已有400多年。

受惠於豐川的清流，在朝霧顯立晝夜寒暖差異大的山間地培育的茶，因有煎茶般的清爽風味而廣受民眾喜愛。

新茶的採收從4月下旬開始。

煎茶

福泉

使用有機肥料，從培育土壤開始即十分講究的茶。從茶園採收的新芽於採收當日進行製茶，發揮茶本身的風味與香氣。有溫潤的香風味。

60～70℃
1～2分鐘

製造　福田園　製茶
品種　藪北
價格　100g　1,000日圓
諮詢電話
+81-536-25-0500
URL　http://www.fukutaen.co.jp/

茶湯色 綠　色 ・・◆・・ 黃　色
茶香氣 焙火香 ・・・◆・ 青草香
茶風味 甘甜味 ◆・・・・ 苦澀味

三重

伊勢茶

在縣內的寬廣地區生產具特色的茶葉所在

三重縣的綠茶生產量排名和栽培面積皆僅次於靜岡縣和鹿兒島縣，爲全日本第三。因此縣內的育茶範圍遍布在廣泛區域，發展出具有各地區文化特色的多種茶葉。這些茶葉統稱爲伊勢茶。伊勢茶的起源甚早，大約是1000年前。據說是某寺廟的住持將弘法大師從中國帶回的茶樹種子種植

被茶

伊勢本被茶

只使用第一批茶和第二批茶，經由傳統農法製成的被茶。茶湯色為鮮豔的綠色。以略溫的熱水或水浸式的方式沖泡，能誘發出淡淡的回甘滋味。

40℃
5～8分鐘

製造　伊勢參本舗
品種　藪北
價格　70g　1,200日圓
諮詢電話
+81-59-329-2078
URL　http://oise.co.jp/

茶湯色 綠　色 ◆・・・・ 黃　色
茶香氣 焙火香 ・・・◆・ 青草香
茶風味 甘甜味 ◆・・・・ 苦澀味

在寺內開始。

伊勢茶之中較爲人熟知的，是在四日市市、龜山市等北部地區生產的被茶。被茶占三重縣全縣茶葉生產量的3成，以都道府縣觀察，三重縣的被茶生產量更是位居全日本之冠。利用黑色棉布製成的寒冷紗等物覆蓋茶樹，製造出帶甜味的高級茶葉。

這個地區只採摘到第二批茶，因此能維持茶葉的高品質。

另一方面，在流經伊勢神宮的櫛田川．宮川流域的大台町、度會町、飯南町等南部地區，則生產許多煎茶與深蒸煎茶。這裡的茶以朝霧使茶葉芳香的高品質聞名，在日本全國茶品評會上，曾多次獲得日本農林水產大臣獎。

三重縣大多數地區的平均氣溫爲14～15℃，屬於比較溫暖的氣候，因此第一批茶若早一點採收會從4月下旬開始，晚一點則是從5月中旬開始。由於南北相距的距離長，採茶時間也略有間隔。

深蒸煎茶

深蒸藪北 光雲

80℃
1分鐘

製造　川原製茶
品種　藪北
價格　100g　1,200日圓
諮詢電話
+81-598-49-3036
URL　http://www.kawa-tea.co.jp/

茶湯色	綠　色	●◆●●●●	黃　色
茶香氣	焙火香	●◆●●●●	青草香
茶風味	甘甜味	◆●●●●●	苦澀味

主要採用有機肥料栽培的茶。利用大火煎焙出結實穩定的風味，在第二沖之後依然能品嚐到茶香與美味。能感覺到適當的澀味之中，有回甘滋味緩慢散開。

煎茶

天下一

由茶藝審查技術十段的茶師親手調製的煎茶。為做出上等的茶，而以大火加熱烘焙，生成伊勢茶特有的芳醇、甜味與煎炒香氣。

80℃

1分鐘

製造　KANEKI伊藤彦市商店
品種　主要為藪北
價格　100g　1,000日圓
諮詢電話
+81-595-96-0357
URL　http://www.kaneki-isecha.com/

茶湯色	綠　色	● ● ◆ ● ●	黃　色
茶香氣	焙火香	◆ ● ● ● ●	青草香
茶風味	甘甜味	● ● ◆ ● ●	苦澀味

中部

三重 水澤茶

在丘陵地生產的被茶遠近馳名

水澤茶是在位於三重縣北側的四日市市的水澤地區生產。這個地區內的鈴鹿山脈的緩坡丘陵地上，有許多茶園廣布。

在新芽時期利用黑布製成的寒冷紗等物覆蓋茶樹1～2星期，生產出甜味成分豐富的被茶。

被茶

伊勢本被茶上

以略溫的熱水或水浸式的方式沖泡，能充分誘發出甜味與飽滿的回甘滋味。沏入水後打開急須壺的蓋子，享受獨特的「覆香」。

60°C 3分鐘

製造　水澤茶農葉協同組合
品種　藪北
價格　100g　1,000日圓
諮詢電話
+81-59-329-3121
URL　http://www.suizawa.net/

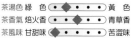

茶湯色　綠　色 ⟷ 黃　色
茶香氣　焙火香 ⟷ 青草香
茶風味　甘甜味 ⟷ 苦澀味

三重 度會茶

以川霧培育的溫潤煎茶為主流

位於三重縣南側的度會町，往伊勢灣漫延的清流・宮川沿岸，遍布無數茶園。

由於是霧多的土地，自古以來皆以茶產地聞名。除了製茶技術備受讚譽外，也曾在各種品評會上多次獲獎。度會茶大多會做成香氣宜人的煎茶。

煎茶

特上煎茶

有機栽培製成的特上煎茶。只使用4月底初次採摘的稀少葉片，因此具備了只有在這款茶才能品嚐到的甘甜味與茶香氣。

70°C 1分鐘

製造　新生度會町茶
品種　藪北
價格　100g　1,000日圓
諮詢電話
+81-596-64-0580
URL　http://www.wataraicha.co.jp/

茶湯色　綠　色 ⟷ 黃　色
茶香氣　焙火香 ⟷ 青草香
茶風味　甘甜味 ⟷ 苦澀味

和菓子小圖鑑❶

上生菓子 歲時記

巧思風雅、滋味上等的上生菓子也是受到喜愛的佐茶甜點。一起來欣賞上生菓子細膩表現的日本四季應時的風情詩吧！

春

手折櫻

（羊羹製）

所謂羊羹製，就是餡加上麵粉一起蒸。表達出想要動手折下帶回家，如此喜愛櫻花的心情。

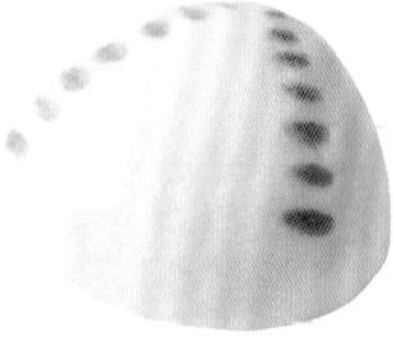

蛤形

（薯蕷製）

所謂薯蕷製是用磨成泥的山芋做麵團。仿照日本女兒節的應景食物蛤蜊。

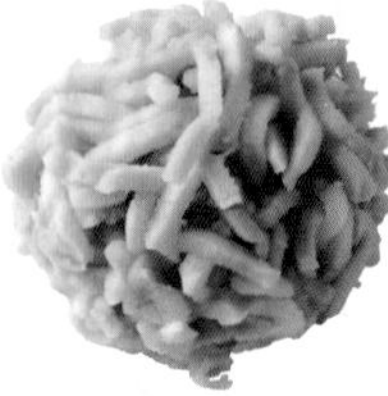

遠櫻

（金團製）

所謂金團，就是在豆沙丸周圍加上香鬆狀的餡。遠方櫻花的濃淡景緻，以白與紅的香鬆表現。

夏

水仙夏霜

（葛粉製）

所謂水仙，就是葛粉製的意思。以葛粉做的麵團包紅餡，表現出如同霜在夏夜降下，月光照亮地面的模樣。

青梨

（水羊羹製）

以使用吉野葛的綠色麵團包餡，仿照未成熟梨子的構思。表面上撒了罌粟的種子。

花扇

（琥珀製）

所謂琥珀，是在寒天液裡將砂糖與麥芽糖漿煮化凝固而成。在扇形的琥珀羹裡，一塊紅色桔梗形的羊羹浮現其中。

秋

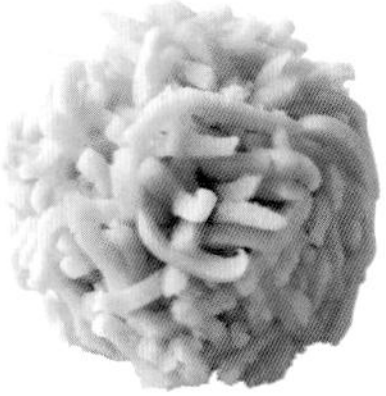

栗粉餅

（金團製）

濾過的栗子，混合白餡製出蓬亂感的香鬆。是可以品嚐到代表秋季味覺的栗子味道與香味的甜點。

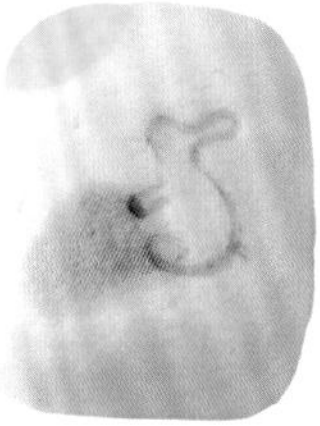

月下夜宴

（薯蕷製）

因賞月而製作的甜點。以烙印的圖案表現從草叢中站起來欣賞月色的兔子模樣。

山路似錦

（羊羹製）

仿照層疊的楓葉，表現出比作錦緞的美麗。加了肉桂的餡，風味也很新穎。

冬

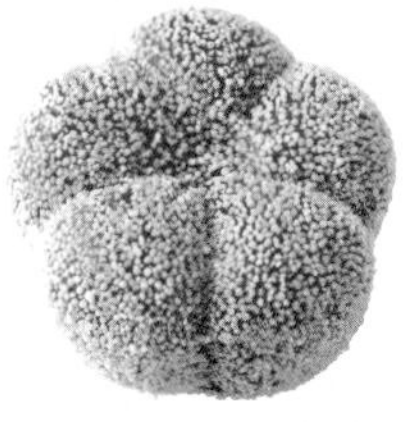

霜紅梅

（求肥製）

所謂求肥，是白玉粉加上水與砂糖蒸過熬製而成的糖。以紅色求肥仿照梅花，以新引粉當成落在花瓣上的霜。

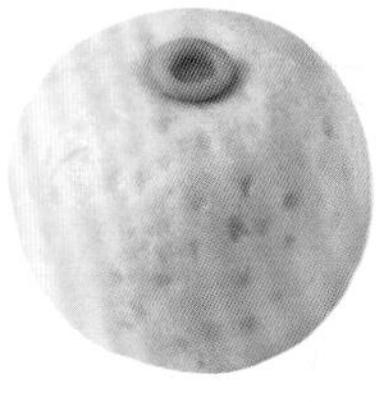

柚形

（薯蕷製）

柚子從以前就受到人們喜愛，冬至也有泡柚子湯的習慣。麵團中放入磨成泥的柚子皮非常美麗。

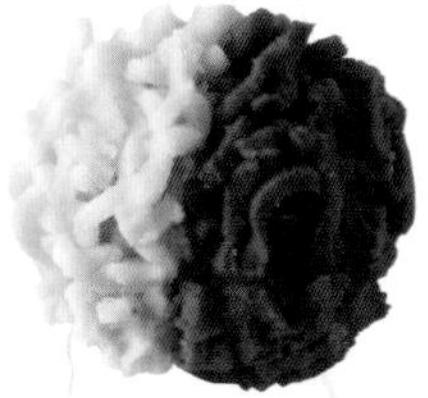

深山白雪

（金團製）

將冬季到來的時節較村落更早一步的深山的寂寥景緻，以當成白雪的白餡和豆沙餡的香鬆表現。

攝影協力／虎屋

室町時代後期於京都創業，代表日本的和菓子老店。其中羊羹堪稱是虎屋的代名詞。

◆虎屋 赤坂本店　東京都港區赤坂4-9-22

靜岡

受惠於氣候環境的日本最大茶產地

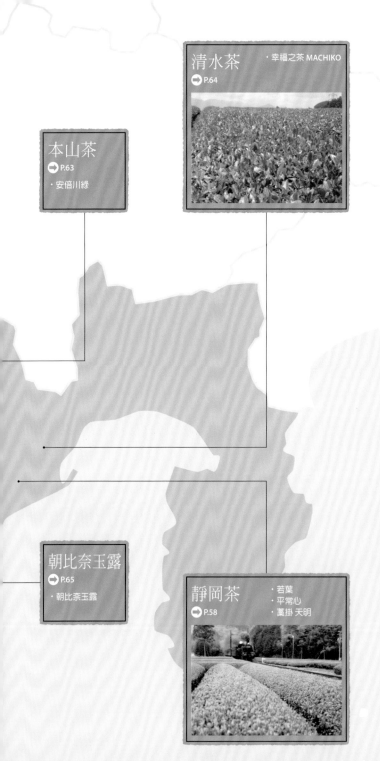

清水茶
P.64

・幸福之茶 MACHIKO

本山茶
P.63

・安倍川緑

朝比奈玉露
P.65

・朝比奈玉露

靜岡茶
P.58

・若葉
・平常心
・薰掛 天明

靜岡縣是日本茶葉生產地的代表，其栽培面積和生產量高居全日本之冠。這裡與江戶時代非常喜愛飲茶的德川家康甚有淵源，因而從當時即開始盛行茶葉的栽培。

靜岡縣氣候溫暖且日照時間較長等環境條件，也相當適合茶葉栽培，以冷熱溫度差異大的山間地區與丘陵地帶爲開端，也在南側的平原地區栽培。其茶葉風味多種多樣，各地區的品牌確立也是靜岡茶的特色。

這裡有許多全日本高人氣的茶葉，包括本山茶、川根茶、掛川茶等名茶。

川根茶

P.60

・極上 天空之風
・特上 川根茶

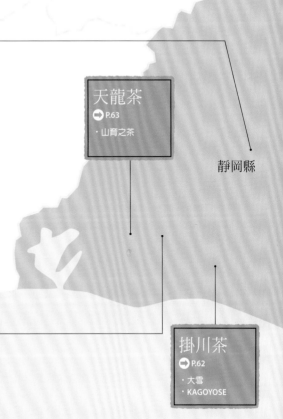

天龍茶

P.63

・山育之茶

靜岡縣

遠州森茶

P.65

・森之粹

掛川茶

P.62

・大雪
・KAGOYOSE

靜岡

靜岡茶

誕生衆多名茶 日本第一的 產茶勝地

靜岡縣的氣候溫暖，茶葉的生產地遍及東西兩側的區域，統稱爲靜岡茶。

這個地區的茶葉栽培，是在1240年前後開始，生產量擴大則是在明治時期。從江戶遷居而來的德川家的藩士們開墾了牧之原台地，形成大規模的茶園。靜岡的茶葉與生絲同爲重要的輸出商品。

延續當時的傳統，現在的靜岡茶生產量亦爲全日本之冠，幾乎占了日本全國茶葉生產量的一半。

靜岡茶最大的特徵，是確立了各產地的特有品牌。靜岡縣依地區不同而有標高差異，包括有氣溫穩定的沿岸地區、冷熱溫度差異甚大的內陸台地與山間地區、冬季時會積雪的伊豆天城山或富士山麓等，茶葉的栽培環境也豐富多樣。因此，帶有地區文化特色的育茶活動在各地盛行。

茶葉的製法上，在山間地區多以普通蒸製煎茶爲主，平地或台地等產地則是以深

煎茶

若葉

70°C

1分鐘

製造 小山園茶舖
品種 藪北
價格 100g 1,000日圓
諮詢電話
+81-54-254-2577
URL http://www.koyamaen.co.jp/

茶湯色 綠色 ⟷ 黃色
茶香氣 焙火香 ⟷ 青草香
茶風味 甘甜味 ⟷ 苦澀味

將川根地區的山間地生產的芳香茶葉和牧之原丘陵地採收的濃醇茶葉混合，做成微深蒸的上煎茶。非常適合用來招待賓客。

蒸煎茶爲主流。

新茶的採收時期依地區不同而略有時間早晚的差異，以5月上旬爲中心。

靜岡縣各地有廣大的茶園遍布。照片是大井川鐵道行駛經過的川根地區。

煎茶

藁掛天明

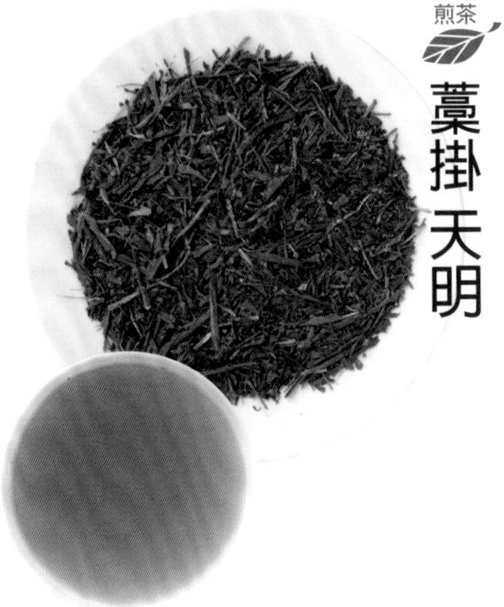

茶樹上罩著寒冷紗這種薄布以阻擋陽光直射，藉以誘發出玉露般鮮香的上等煎茶。是甜味、苦味、澀味皆均衡的美好滋味。

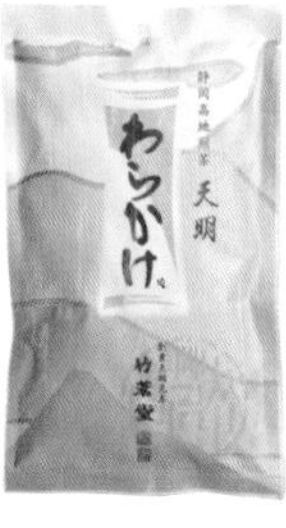

75°C

40～50秒

製造　竹茗堂茶店

品種　藪北

價格　100g　1,500日圓

諮詢電話

+81-54-254-8888

URL　http://www.chikumei.com/

茶湯色 綠　色 ● ● ◆ ● ● 黃　色

茶香氣 焙火香 ● ● ◆ ● ● 青草香

茶風味 甘甜味 ● ● ◆ ● ● 苦澀味

煎茶

平常心

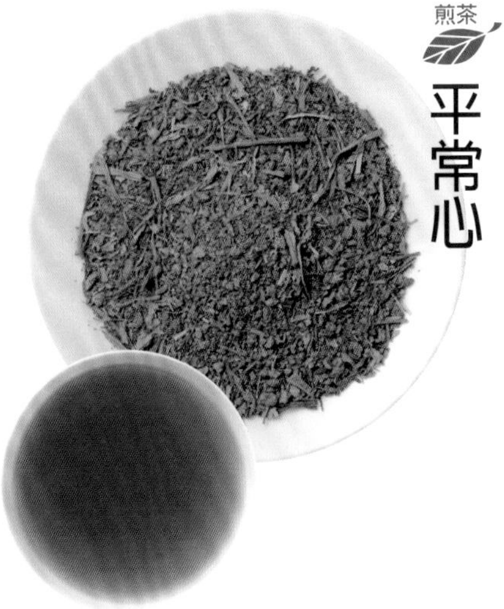

含有抹茶的上煎茶。以滾燙的熱水快速浸泡出茶湯，簡便的沖泡方式極有魅力。發揮鮮豔綠色的特色，夏季時也可以沖泡得濃一些，再放入冰塊做成冷茶。

90°C

30秒

製造　山大園

品種　藪北

價格　100g　700日圓

諮詢電話

+81-545-52-2540

URL　http://www.yamadaien.jp/

茶湯色 綠　色 ◆ ● ● ● ● 黃　色

茶香氣 焙火香 ● ◆ ● ● ● 青草香

茶風味 甘甜味 ● ● ● ◆ ● 苦澀味

靜岡 川根茶

南阿爾卑斯山與大井川的自然條件是培育名茶的最佳產地

流經靜岡縣中部的大井川的上游流域，是原生林廣布的肥沃土壤。川根茶早在超過400年的更早以前就已經在這個地區生產。據說在寬政元年（1789年）便已經有販賣煎茶的紀錄了。

位於標高600m山地的土屋農園。在群山與雲霧交織而成的幻想環境中培育美味的茶葉。

煎茶

極上天空之風

45℃
105秒

製造　土屋農園
品種　藪北
價格　90g　2,400日圓
諮詢電話
+81-547-56-0752
URL　http://www.tsuchiya-nouen.com/

茶湯色 綠　色 ●●◆●● 黃　色
茶香氣 焙火香 ●●●◆● 青草香
茶風味 甘甜味 ◆●●●● 苦澀味

在川根茶中海拔高度較高的茶園內製成的數量限定的高級茶。使用和日本全國茶品評會相同的方法栽培，所有收成皆以手工採摘的方式進行。

地處南阿爾卑斯山的環山之中、大井川沿岸的山間凹地，晝夜的寒暖差異大，而且經常於早晨與傍晚飄入其中的濃濃川霧，不僅生出了健康的茶葉，也誘發出清雅茶香與風味。爲了發揮這種茶葉本身的風韻，川根茶長久以來多半是做成普通蒸製煎茶。

川根的上等煎茶有清澈沉靜的茶湯色與豐富的鮮香以及清晰的甘甜味。經常參加日本全國茶品評會，且獲獎次數不勝枚舉。聲名遠播，全日本的知名茶園也非常多。

新茶的採收從4月下旬開始。

川根地區至今仍有許多茶園是以手工方式細心採茶。

煎茶

特上川根茶

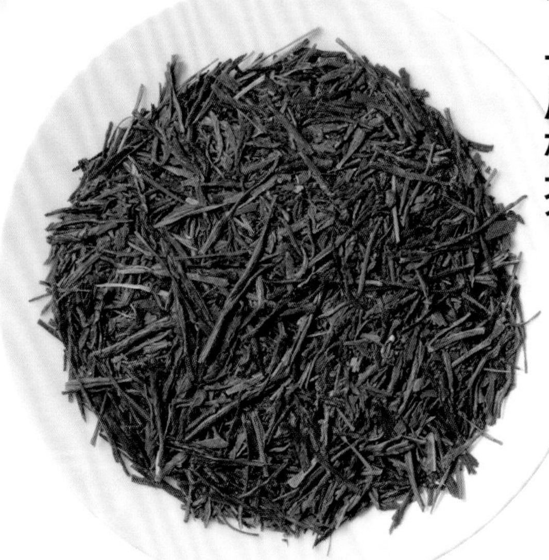

90°C
1分鐘

製造　丹野園
品種　藪北
價格　100g　1,000日圓
諮詢電話
+81-547-56-0241
URL　無

茶湯色　綠　色　●●●◆●　黃　色
茶香氣　焙火香　●●●◆●　青草香
茶風味　甘甜味　●◆●●●　苦澀味

丹野園精心製造的煎茶，連續在日本全國茶品評會上獲得優異名次。此茶的特色是金色帶透明感的茶湯色，以及清爽好入喉的香氣。它同時具有甘味與澀味，是帶有豐富個性的茶風味。

靜岡 掛川茶

追求入喉的舒適感 研發出深蒸製法

位於靜岡縣西部的掛川市，是深蒸煎茶的發源地之一。

當地溫暖的氣候孕育出肥厚的茶葉，致使掛川茶過去有難以克服苦味偏重的困難點。爲了製造出溫潤口感而持續用心研發，試著將茶葉蒸製得比一般煎茶更久，而創造出深蒸製法。以此法製造的茶葉立刻受到歡迎，因此現在的掛川茶便是以這種深蒸煎茶爲主流。

另外，掛川茶的產地也以採用傳統茶草場農法而聞名。這個方法，是將茶園周圍割下的芒草等物覆蓋在茶樹根部，作爲有機肥料活用的傳統方法。能使茶的味道和香氣更宜人，被認定爲世界農業遺產。

新茶的採收從4月下旬開始。

深蒸煎茶

大雪

第一批茶的前半部茶葉，以傳統的深蒸製法製作的茶品。香氣、味道、顏色皆均衡、出衆，被譽為是初學者亦可沖泡出美味的上等佳作。

80°C
45秒

製造 掛川一風堂
品種 藪北
價格 100g 1,000日圓
諮詢電話
+81-537-23-6811
URL http://www.kakegawacha-net/

茶湯色	綠色	●◆●●●●	黃色
茶香氣	焙火香	●●●◆●●	青草香
茶風味	甘甜味	●◆●●●●	苦澀味

深蒸煎茶

KAGOYOSE

在由歐洲一流主廚與侍酒師審查的國際品質味覺審查會2013上，唯一獲得3顆星的日本茶。是從培育優質土壤開始即精心講究的名茶。

75°C
90秒

製造 佐佐木製茶
品種 藪北
價格 100g 1,000日圓
諮詢電話
+81-537-22-6151
URL http://sasaki-seicha.com/

茶湯色	綠色	◆●●●●●	黃色
茶香氣	焙火香	●●◆●●●	青草香
茶風味	甘甜味	●◆●●●●	苦澀味

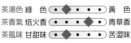

靜岡 天龍茶

堅持手工採摘生產的高級茶

在濱松市天龍川流域生產的茶。這裡自古以來便是以高級茶的產地聞名。在天龍川沿岸兩側的傾斜地栽培的茶，具有山間地才有的清爽香氣等特色。

堅持手工採摘，且只選用狀態良好的新芽，製作成帶有茶葉本身風味的普通蒸製煎茶。

煎茶

山育之茶

使用有機肥料，並在夏季時鋪上乾草使土壤不致乾燥等，在培育土壤上相當講究的上等煎茶。清新的味道與強烈的香氣是其一大特色。

55˚C

90秒～2分

製造　KANETA太田園
品種　藪北
價格　30g　1,000日圓
諮詢電話
+81-53-928-0007
URL　http://www.otaen.jp/

茶湯色　綠　色 — 黃　色
茶香氣　焙火香 — 青草香
茶風味　甘甜味 — 苦澀味

靜岡 本山茶

據說是靜岡茶的元祖山間地區的清爽茶品

在流經靜岡縣中部的安倍川以及其支流一帶的山間茶產地所生產的茶。

鎌倉時代，靜岡縣最早的茶葉栽培地就是這裡，因此此地自古以來便是以茶產地聞名。江戶時代，本山茶甚至成爲德川家的御用茶品，並將此香氣豐沛的茶做成普通蒸製煎茶。

煎茶

安倍川綠

德川家康也鍾愛的本山茶。在乾燥的澀味之後，有清爽的香氣在口中擴散。適合在平常飲用，也可以作為招待賓客的茶品。

70˚C

2分鐘

製造　JA靜岡市茶業中心
品種　藪北
價格　100g　1,000日圓
諮詢電話
+81-54-272-2111
URL　http://www.ja-shizuoka.or.jp/shizuoka/chagyo/

茶湯色　綠　色 — 黃　色
茶香氣　焙火香 — 青草香
茶風味　甘甜味 — 苦澀味

靜岡 清水茶

享受各地區風味的傳統煎茶

以靜岡縣中部的舊清水市（現靜岡市清水區）爲中心生產的茶。鎌倉時代，榮西禪師從中國帶回的茶種，由明惠上人推廣到日本全國6個地方，其中之一就是清水區清見寺附近。

江戶時代「駿河清見茶」是東海道名產，到了明治時代從清水港直接向海外輸出，茶樹栽培日益盛行。

此地主要生產煎茶。清水茶的生產地縱貫南北，每個地域的茶香氣與味道皆有不同，特色是如針一般的外型與黃金般的茶湯色。

其中稱爲兩河內的興津川上游流域的山間地，是靜岡屈指可數的知名上等茶產地。駿河灣附近的日本平周邊，在清水茶之中是最南邊的生產地，從4月中旬開始第一批茶的採收。

煎茶

幸福之茶 MACHIKO

散發出櫻花葉般香氣的特殊品種「靜7132」。

70°C　1分鐘

製造　JA清水茶業中心
品種　靜7132
價格　40g　500日圓
諮詢電話
+81-54-365-1600
URL　http://www.ja-shimizu.org/

茶湯色	綠　色	●　●　●　◆　●	黃　色
茶香氣	焙火香	●　●　●　◆　●	青草香
茶風味	甘甜味	◆　●　●　●　●	苦澀味

使用只有清水茶之鄉才有的品種，做成有獨特個性的煎茶。含有和櫻花葉或艾草同樣的香氣成分「香豆素」，因此一飲入口便有春天清爽的香氣擴散，能帶來幸福感。

靜岡 朝比奈玉露

在山間地區的寒冷傾斜地以培育玉露為主流

靜岡縣中部的藤枝市岡部町是玉露生產蓬勃的地區。栽培玉露時，在採摘茶葉的前20天左右必須遮蔽日光讓茶葉生長，但在朝比奈玉露的產地，還會採用一種傳統方法，將名爲「菰（KOMO）」的稻草覆蓋整片茶園。稻草內含有礦物質成分，能成爲香氣出眾的玉露。

玉露

朝比奈玉露

是帶有玉露原味，且甘味、澀味、苦味皆均勻調和的出色逸品。能深切感受到在舌中擴散的豐富甘甜味，以及騷動鼻子的獨特覆香。

40～45℃ 2分鐘

製造 JA大井川
品種 藪北
價格 45g 1,000日圓
諮詢電話
+81-54-667-0712
URL http://ooigawa.ja-shizuoka.or.jp/

茶湯色 綠 色 —— 黃 色
茶香氣 焙火香 —— 青草香
茶風味 甘甜味 —— 苦澀味

靜岡 遠州森茶

在山間地生產以深蒸製法製造的上等茶葉

森町位於靜岡縣北西部的山間地區，自古以來以作爲貿易之城繁榮，被稱爲遠州的小京都。這裡生產的茶稱作遠州森茶。

這裡一整年的氣候皆穩定，且日照時間長，因此能培育出口感濃郁的茶葉，以深蒸製法製造的煎茶，在全日本受到喜愛。

深蒸煎茶

森之粋

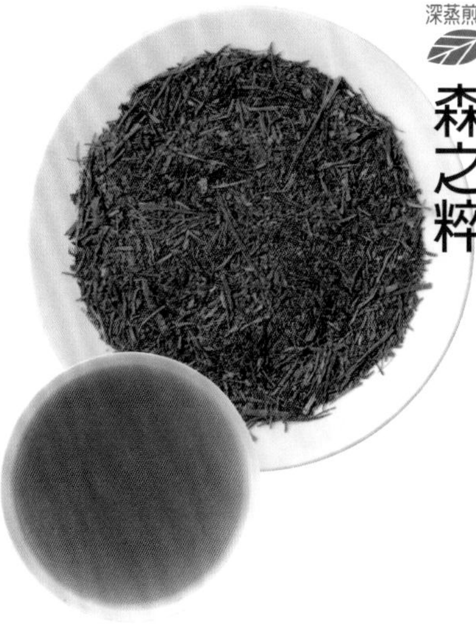

以1868年創業的老店自豪的高級茶。由茶葉師傅以深蒸製法細心製造4月下旬至八十八夜採收的嫩芽。具有當季茶葉才有的清新香氣。

60～70℃ 1分鐘

製造 鈴木長十商店
品種 藪北
價格 100g 2,000日圓
諮詢電話
+81-538-85-2023
URL http://www.100nen-meicha.jp/

茶湯色 綠 色 —— 黃 色
茶香氣 焙火香 —— 青草香
茶風味 甘甜味 —— 苦澀味

近畿地區

以宇治為中心大量栽培高級茶

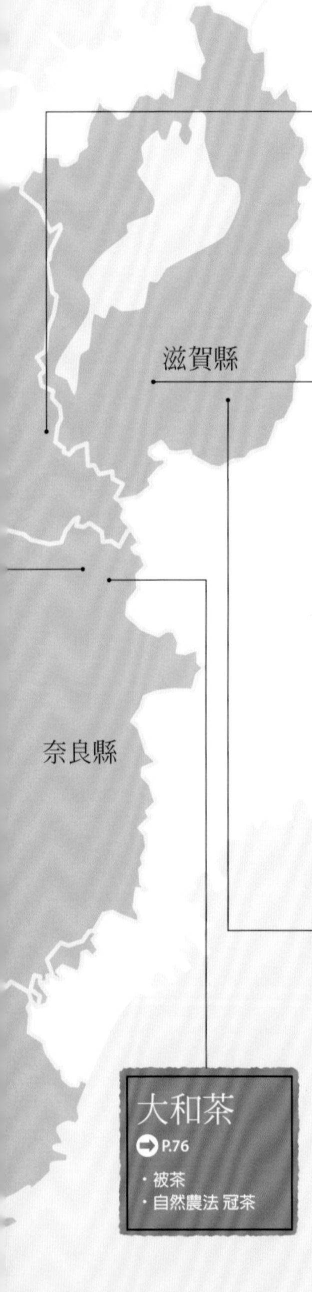

宇治茶

P.68

- 瑞縁
- 紫雲
- 成里乃
- 宇治玉露 甘露
- 雅之白
- 萬葉之昔
- 園主之選

京番茶

P.73

- 京番茶

朝宮茶

P.74

- 朝宮茶
- 朝宮之粹

土山茶

P.75

- 土山茶

大和茶

P.76

- 被茶
- 自然農法 冠茶

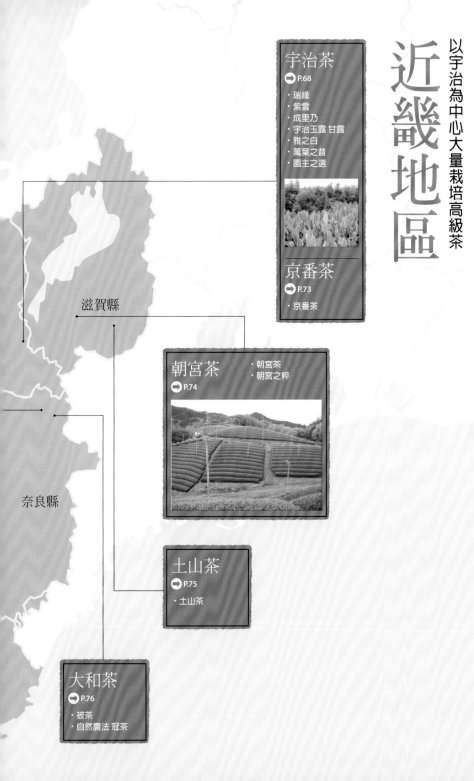

丹波茶

P.78

・諏訪綠

母子茶

P.79

・煎茶 綠標

月瀨茶

P.75

・特上 被茶

川添茶

P.77

・霧之精

近畿地區長久以來皆以京都府爲中心進行茶葉栽培。尤其宇治茶是從鎌倉時代便以高級茶聞名的茶葉，在栽培方法與製茶方法上，亦對各地帶來不少影響。

除了宇治茶以外，尚有８０５年由最澄大師傳入的滋賀縣朝宮茶，以及８０６年由弘法大師傳入的奈良縣大和茶等歷史悠久的茶葉。這些茶現在也作爲上等茶葉而受到歡迎。

另外，當地也有許多自古以來持續飲用至今的特色茶，如和歌山縣的川添茶和兵庫縣的母子茶等。保留著許多規模小卻具有傳統文化的茶葉產地，也是近畿地區的一大特色。

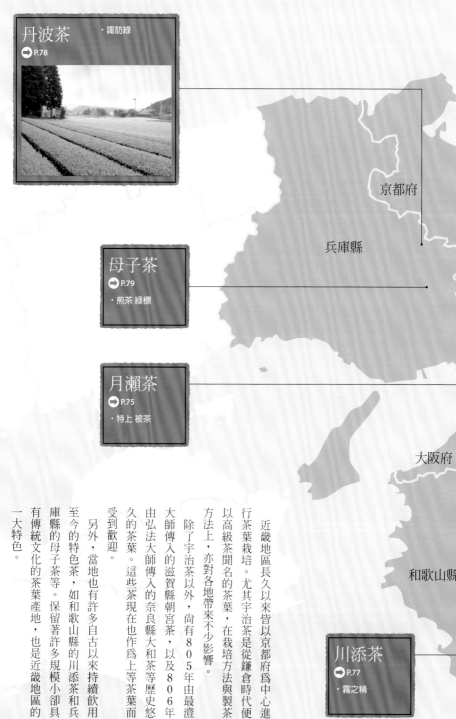

京都

宇治茶

以上等的抹茶聞名 歷史悠久的茶產地

宇治茶是在京都府南部的宇治市以及其周圍的地區生產。在自然資源豐富的地區栽培，自古以來，一直是代表日本的茶葉生產地。

宇治茶最早起源於鎌倉時代，後來，室町時代的第3代將軍足利義滿在宇治開闢茶園，奠定了全日本名茶的基礎。現在，日本各地流傳的製茶技術，也大多是承襲

以手磨臼研磨的抹茶。

抹茶

瑞緣

85°C

無

製造 福壽園
品種 早綠
價格 20g 4,000日圓
諮詢電話
+81-774-86-2756
URL http://shop.fukujuen.com/

茶湯色 綠 色	◆・・・・	黃 色
茶香氣 焙火香	・◆・・・	青草香
茶風味 甘甜味	◆・・・・	苦澀味

由技藝精湛的師傅使用傳統的茶臼研磨製造，適合沖泡成濃茶的宇治抹茶。毫無保留地帶出高品質覆香的出色茶品，擁有洗鍊典雅的風味。

近畿

自宇治茶的製法。

1738年，宇治的茶農家永谷宗円，開發了以火力乾燥茶葉並同時用手揉捏製作的手揉製法。這種製法成爲今日製造煎茶的基礎。

利用被覆栽培法，以葦簾或稻草覆蓋茶園遮蔽光線製成的玉露，也大約是100年後的幕府時期，在宇治確立製法的茶葉。

現在的宇治茶，以生產碾茶和玉露爲主，且市外的山間地區也生產煎茶。當中極爲知名的是，以碾茶爲原料的抹茶。當地因重視品質更勝於生產量，因此用來製造成高級碾茶或玉露的原料，全都使用手工採摘的第一批茶。

新茶的採收從5月上旬開始。

室町時代，足利義滿設立的七茗園之一，「奧之山」茶園。

玉露

紫雲

55～65℃
90秒～2分

製造　丸久小山園
品種　五香、駒影、宇治光
價格　100g　3,000日圓
諮詢電話
+81-774-20-0909
URL　http://www.marukyu-koyamaen.co.jp/

茶湯色	綠　色	●●◆●●	黃　色
茶香氣	焙火香	●●◆●●	青草香
茶風味	甘甜味	◆●●●●●	苦澀味

江戶時代中期創業的丸久小山園。曾在日本全國茶品評會榮獲第1名等，對自家的高品質相當自豪。玉露使用甘甜味充足的新芽製成，有濃郁的覆香與熟成的甘甜味等特色。

抹茶

成里乃

足利義滿將軍設立的七茗園當中，唯一現存的茶園的茶。「成里乃」也算是宇治茶起源的品種，其內含的甘甜味成分甚至有其他品種的2倍之多。

70°C
無

製造　堀井七茗園
品種　成里乃
價格　20g　3,000日圓
諮詢電話
+81-774-23-1118
URL　http://www.uji-shichimeien.co.jp/

茶湯色　綠　色 ◆・・・・ 黃　色
茶香氣　焙火香 ◆・・・・ 青草香
茶風味　甘甜味 ◆・・・・ 苦澀味

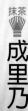

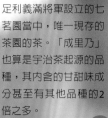

於明治時期創業，專供應茶道宗家們茶品的老店。

遮蔽日光使甘甜味凝縮的覆下茶園。

抹茶

雅之白

對鮮度極為講究，只在販售當前製造。能感受到強烈的甜味，非常容易飲用，在淡茶之中享有最高級品質的美譽。帶有京都風情的名稱也頗受好評。

60℃
無

製造 柳櫻園茶舖
品種 朝日、早綠
價格 40g 2,400日圓
諮詢電話
+81-75-231-3693
URL 無

茶湯色 綠 色 ◆・・・・ 黃 色
茶香氣 焙火香 ・・◆・・ 青草香
茶風味 甘甜味 ◆・・・・ 苦澀味

玉露

宇治玉露 甘露

只使用最早採摘的茶葉製成。多被用於各地煎茶道宗家的茶會。此茶風味亦如其茶名，能感到凝縮的甘甜味與濃醇豐富的香氣擴散其間。

50℃
90秒

製造 伊藤久右衛門
品種 宇治綠、早綠、藪北、五香等
價格 100g 3,000日圓
諮詢電話
+81-120-27-3993
URL http://www.itohkyuemon.co.jp/

茶湯色 綠 色 ・・・◆・ 黃 色
茶香氣 焙火香 ・・・・◆ 青草香
茶風味 甘甜味 ◆・・・・ 苦澀味

近畿

京都府南山城村的煎茶田。

香氣高的宇治碾茶。研磨之後做成抹茶。

煎茶

園主之選

園主精心講究的逸品，有豐富的甘甜味成分「茶氨酸」。甘甜味、澀味、苦味等含量均勻，不同沖泡方法能沏出各式各樣的風味。

80°C
90秒

製造 泉園銘茶本舖
品種 奧綠、藪北
價格 100g 3,000日圓
諮詢電話
+81-774-21-2258
URL http://www.izumien.com/

茶湯色 綠 色 — 黃 色
茶香氣 焙火香 — 青草香
茶風味 甘甜味 — 苦澀味

抹茶

萬葉之昔

僅使用新芽的濃茶專用抹茶。嚴格控制煎焙火候以避免破壞覆香，清新芳醇的香氣突出且宜人，是極為傑出的茶品。澀味少，甘甜味和濃郁感凝縮其間。

70～85°C
無

製造 辻利兵衛本店
品種 朝日、五香
價格 20g 1,600日圓
諮詢電話
+81-774-23-1111
URL http://www.rakuten.ne.jp/gold/tsujirihei/

茶湯色 綠 色 — 黃 色
茶香氣 焙火香 — 青草香
茶風味 甘甜味 — 苦澀味

京都

京番茶

適合日常飲用帶有燻香的茶

京都日常飲用的炒番茶稱爲京番茶，每年都以宇治市爲中心，於入秋時製造。

春天採摘玉露與碾茶用的新芽後，待剩下的葉子變大再連同莖部和茶枝一起割下做成的茶葉。爲了和一般的番茶區別，以前也稱之爲刈番茶。

京番茶的特色在於不只是採摘葉子，而且會將莖和枝也一起蒸煮，不經揉捏便直接乾燥。因此會保留葉片原本的形狀，乍看之下，宛如落葉的形狀。

然後，出貨當前會以高溫的鐵釜鍋拌炒，引發出獨特的燻香。

完成後的茶葉內，咖啡因和單寧量都很少，味道相當清爽。因爲刺激性低，適合幼童到年長者等各種年齡的民眾飲用。

番茶

京番茶

90～100℃
1分鐘

製造　井六園
品種　數北等
價格　160g　350日圓
諮詢電話
+81-75-661-1691
URL　http://www.irokuen-tea.co.jp/

茶湯色	綠　色	●◆●●●●	黃　色
茶香氣	焙火香	◆●●●●●	青草香
茶風味	甘甜味	●●◆●●●	苦澀味

採用和既有的傳統京番茶相同的製法，將講求安全、安心且產地直送的茶葉製成番茶。擁有一飲用就愛上的出眾燻香。

近畿

滋賀

朝宮茶

茶愛好者們讚譽的迷人芳香風味

在滋賀縣東南部，舊信樂町朝宮地區生產的茶。

有1200年的歷史，與狹山茶、宇治茶、川根茶、本山茶並列，同爲日本5大名茶聞名。

海拔高度400m的山間地，晝夜溫差大，加上霧又多又濃，非常適合茶葉栽培。新茶的採收從5月中旬開始。

在京都府縣境山間的斜坡面製造。

煎茶

朝宮茶

此茶的特色，是具有山間茶葉才有的清涼感香氣以及上等的甘甜味。是由曾在大賽上獲獎的茶鑑定士所調製的逸品。只使用第一批茶。

70°C　1分鐘

製造　近江製茶
品種　藪北
價格　75g　1,000日圓
諮詢電話
+81-748-67-0308
URL　http://www.ohmiseicha-shop.com/

茶湯色　綠色 ●●●●◆ 黃色
茶香氣　焙火香 ●●◆●● 青草香
茶風味　甘甜味 ●●●◆● 苦澀味

煎茶

朝宮之粹

在特別管理的茶園，採摘一芯二葉～三葉的新芽製成的第一批茶。無農藥且只使用有機肥料栽培而成，被公認擁有良好的味道和香氣。

70°C　1分鐘

製造　片木古香園
品種　藪北
價格　100g　1,500日圓
諮詢電話
+81-748-84-0135
URL　http://www.katagikoukaen.com/

茶湯色　綠色 ●●●◆● 黃色
茶香氣　焙火香 ●●●◆● 青草香
茶風味　甘甜味 ●◆●●● 苦澀味

滋賀

土山茶

被茶遠近馳名的傳統高山茶

位於鈴鹿山麓的甲賀市土山町，是以滋賀縣第一的茶產地享負盛名。

這裡的茶源自1356年左右，江戶時代起擴大生產而成爲東海道的名產，滋潤了旅人們的咽喉。因爲是在山間地區緩慢地培育，擁有濃郁香氣和味道等特色。

煎茶

土山茶

由日本茶鑑定士從土山町採收的第一批茶中嚴選的茶葉。以嫩芽的新鮮香氣，以及甘甜味、澀味、苦味的均衡調和風味自豪。

70°C 1分鐘

製造　近江製茶
品種　藪北
價格　100g　1,000日圓
諮詢電話
+81-748-67-0308
URL　http://www.ohmiseicha-shop.com/

茶湯色	綠　色	● ● ● ◆ ●	黃　色
茶香氣	焙火香	● ● ● ◆ ●	青草香
茶風味	甘甜味	● ◆ ● ● ●	苦澀味

奈良

月瀨茶

在風光明媚的山間培育的高品質茶葉

在京都府與三重縣縣境鄰近的奈良市月瀨，是高級茶的生產地。月瀨梅林自古以來便是風景勝地，擁有穩定的氣候與排水良好的土壤，因受惠於良好的環境條件，自300年前便已開始了茶葉栽培。

山間斜坡地的茶葉生長雖然緩慢，卻能培育出營養良好的優質茶葉。

被茶

特上被茶

於新茶時期最早採摘的，甜味強烈的被茶。建議的沏茶方式，是在一定份量的茶葉中注入少量的水，等候10分鐘再注入適溫的熱水。

70～80°C 1分鐘

製造　Green Wave月瀨
品種　藪北
價格　100g　1,300日圓
諮詢電話
+81-743-92-0352（FAX）
URL　http://www.gw-tsukigase.jp/

茶湯色	綠　色	● ● ● ◆ ●	黃　色
茶香氣	焙火香	● ◆ ● ● ●	青草香
茶風味	甘甜味	● ● ● ◆ ●	苦澀味

近畿

奈良 大和茶

大量生產在高原培育的煎茶與被茶

大和茶是起源於806年，弘法大師從中國將茶樹種子帶回日本播種。

以奈良縣北東部的大和高原爲中心生產、製造。這裡的氣候溫暖，且同一天內有高低溫差，降雨量多的山間地區茶園廣布。因爲日照時間短，茶沉著緩慢地生長，能成爲甜味多的茶葉。

除了煎茶以外，也生產做成被茶或抹茶原料的碾茶等。

較裡面的位置有屏覆物覆蓋茶樹，可看出是製造被茶的茶園。

被茶

被茶

被茶在採收新茶前的一定期間內，會以寒冷紗等物遮蔽陽光進行栽培。因茶氨酸的含量多，能感覺到強烈的甘甜味。

70℃ 2分鐘

製造 大和茶販賣
品種 藪北、狹山綠
價格 100g 1,200日圓
諮詢電話
+81-743-82-0562
URL http://www.quh.jp/

茶湯色 綠色 ←→ 黃色
茶香氣 焙火香 ←→ 青草香
茶風味 甘甜味 ←→ 苦澀味

被茶

自然農法 冠茶

以無農藥的自然農法栽培。培育土壤方面亦十分講究，使用不損傷根部的農家自製發酵有機肥。甘甜味突出且毫無雜味的洗鍊風味。

60℃ 90秒

製造 竹西農園
品種 藪北、奧綠
價格 90g 1,350日圓
諮詢電話
+81-742-81-0383
URL http://www.yamatocha.net/

茶湯色 綠色 ←→ 黃色
茶香氣 焙火香 ←→ 青草香
茶風味 甘甜味 ←→ 苦澀味

和歌山 川添茶

活用傳統的手揉製法製出美味的茶

在流過和歌山縣南部的清流「日置川上流域」生產的茶。

以傳統的手揉製法將栽培的技術發揮在機械製茶上，為能誘出茶葉本身的風味而努力不懈。宛如手揉茶般的美麗形狀也是其特色之一。

新茶的採收從4月下旬開始。

山間斜坡面遍布廣大的茶園。

近畿

煎茶

霧之精

製造 JA紀南
品種 藪北
價格 100g 1,428日圓
諮詢電話
+81-739-25-4611
URL http://www.ja-kinan.or.jp/

70°C
50秒～1分鐘

茶湯色	綠色	●●●◆●	黃色
茶香氣	焙火香	●●●◆●	青草香
茶風味	甘甜味	●●◆●●	苦澀味

活用手揉製茶的技術，在工廠辛勤揉製完成的普通蒸製煎茶。有獨特的甘甜味與芳醇的香氣，以水浸式沖泡依然美味好入喉亦是特色。

兵庫 丹波茶

遍布在丹波山間地縣內屈指可數的茶產地

在兵庫縣中東部的丹波篠山地區生產的茶。

此茶歷史悠久，早在1200年前的《日本史略》文獻內，即有相關敘述。江戶時代，曾是供應京都大阪等地一半茶葉需求的大型茶產地。

作爲茶葉產地，這裡的平均氣溫偏低，晝夜的冷熱溫差劇烈。而且當地的「丹波霧」這種濃霧低垂直至正午，幾乎遮蔽了白天的陽光。因此茶的生長緩慢，能蓄存豐富的氨基酸等營養，長成美味的茶。

據說此地從飛鳥時代起，便已開始栽培日本傳統的茶。

煎茶

諏訪綠

85～90℃

接近1分鐘

製造　諏訪園
品種　藪北
價格　200g　723日圓
諮詢電話
+81-79-594-0855
URL　http://www.suwaen.cc/

茶湯色	綠　色	•	•	•	◆	•	黃　色
茶香氣	焙火香	•	◆	•	•	•	青草香
茶風味	甘甜味	◆	•	•	•	•	苦澀味

只使用自有茶園栽培的丹波茶。輕盈的芳香十分宜人，是受到各年齡層、各世代喜愛的味道。茶風味清爽，不妨在餐後也來上一杯。

兵庫
茶母子

位於冷熱差異大的六甲山麓的茶產地

位於兵庫縣東南部，三田市最北位置的母子地區。據說約600年前，此地的僧侶從中國帶回茶樹種子，開始了當地的茶葉栽培。

此處是海拔高度500m的冷涼傾斜地，起霧頻繁且霧濃又多，非常適合培育茶葉，主要生產煎茶。

煎茶

煎茶 綠標

從培育土壤到生產茶葉，採取一貫的工程製造，為100%母子茶的煎茶。獲頒表示農藥殘留極少的「兵庫縣安心品牌」。

80～85℃

2分鐘

製造 茶香房煌
品種 藪北
價格 80g 500日圓
諮詢電話 +81-79-566-1166
URL http://www.kirameki-cha.com/

茶湯色 綠色 ⟷ 黃色
茶香氣 焙火香 ⟷ 青草香
茶風味 甘甜味 ⟷ 苦澀味

TEA BREAK
品茶休憩時刻

運送宇治茶的御茶壺道中

江戶時代每年有個習慣，就是將繳納給將軍家的宇治茶運到江戶的「御茶壺道中」據稱始於1613年。內容是，攜帶空茶壺的一行人從江戶前往京都，在宇治將茶塞進壺中後，途中，將茶壺置於山梨縣谷村度過夏季，再回到江戶。這是比照將軍通行的具有權威的儀式。

兒歌「不停地滾轉」裡面出現的歌詞：「茶壺一行到來之後，關門聲，一通過就安心騷動」歌詠了這幅情景。表現出御茶壺道中到來時的緊張感，和通過後的安心感。

10月下旬舉行的駿府茶葉慶典中，穿著江戶時代衣著的遊行隊伍，重現了御茶壺道中的景象。

和菓子小圖鑑❷

乾菓子 歲時記

以斑斕華美的色彩製作乾菓子，重現象徵四季的各種主題。感受精巧且甜美的乾菓子世界。

春

桃花（落雁）

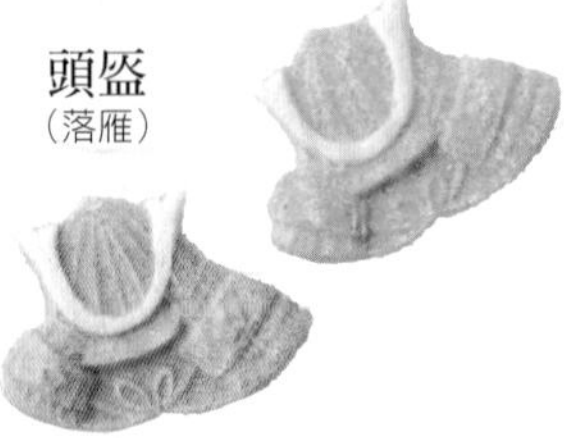

頭盔（落雁）

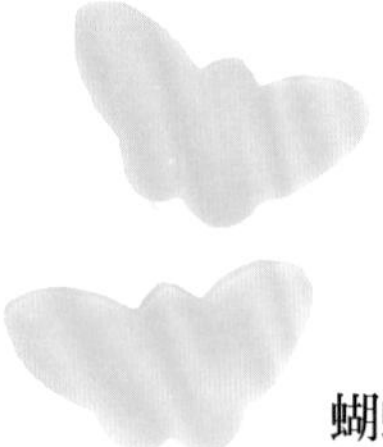

蝴蝶（干錦玉）

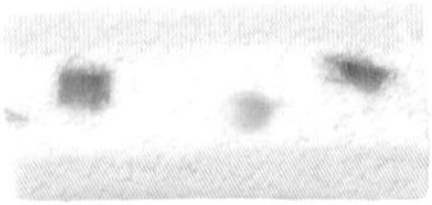

花吹雪（押物）

夏

燕子（干錦玉）

朝顏葉片（生砂糖）

繡球花（生砂糖）

金魚（落雁）

主要的乾菓子種類

落雁
在落雁粉中混入蜜，用木模打出的菓子（甜點）。據說是在明朝，由中國的菓子南落甘轉變而來。在室町時代是茶席上的必備菓子。

和三盆
顆粒細小，略帶黃色的砂糖。極為細緻、入口即化。以德島縣和香川縣保留的獨特傳統製法製作而成。

干錦玉
寒天與砂糖煮乾，倒進模具之後，以製菓模型按壓出形狀，在焙爐中讓表面乾燥。表面有彈力，裡面如寒天般柔軟。

擂琥珀
干錦玉的製作過程中加入白色的摺蜜，白濁的菓子。

州濱
大豆煎過後研磨成州濱粉，混入麥芽糖的帶餡乾菓子。

生砂糖
砂糖與寒梅粉（餅的加工粉）的混合粉末，加水壓模乾燥而成。又薄又硬，口感爽脆。

削種菓子
餅種煎餅（用米做麵團的煎餅）削薄的麵團，裡面夾紅豆餡或羊羹的菓子。

押物
混合寒梅粉與砂糖，用木模壓緊製作而成。水分略多，會在口中輕柔地溶化。

攝影協力／甘春堂
江戶時代創業以來，傳承6代京菓子老店。對素材極為講究，承襲傳統的製法，販售各種傳統的和菓子。
◆**甘春堂 本店**　京都府京都市東山區東川端通正面下上堀詰町292-2

秋

楓葉
（生砂糖）

銀杏
（擂琥珀）

明月
（削種菓子）

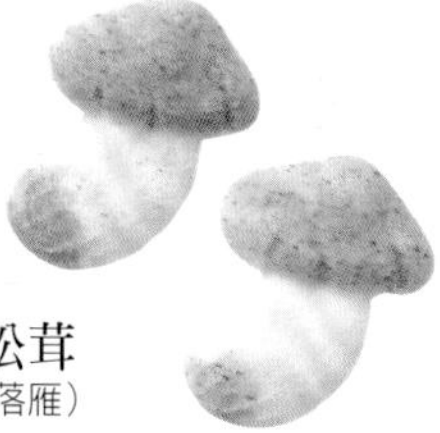
松茸
（落雁）

冬

松笠
（落雁）

梅花
（州濱）

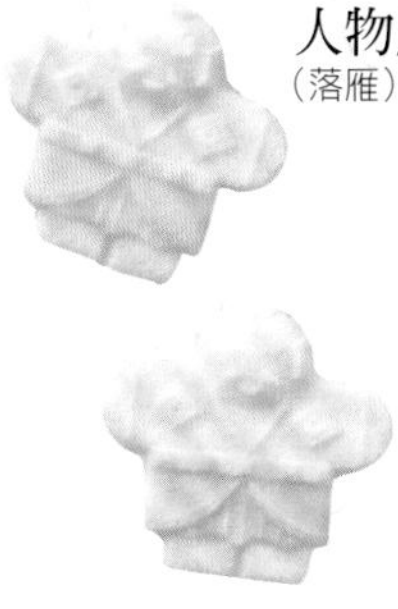
人物風箏
（落雁）

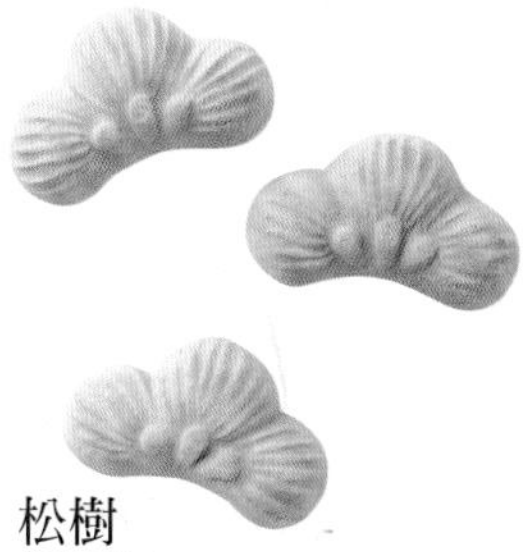
松樹
（和三盆）

中國、四國地區

栽培出個性豐富的茶葉

大山茶

➡ P.85

・大山綠 抹茶入白折
・大山陣構 番茶

用瀨茶

➡ P.86

・千代綠

海田茶

➡ P.84

・美作 焙番茶

寒茶

➡ P.89

・寒茶

阿波番茶

・阿波番茶

➡ P.88

高瀨茶

➡ P.90

・高瀨

中國、四國地區的茶生產量雖不算多，然而在豐富的自然環境下，栽培出許多充滿獨特個性的茶葉。

其中，高知縣以清澈水質及冷熱溫差的山間地區爲中心，栽培了有顯著香氣與味道的茶葉。

此外，最近除了一般的煎茶外，發酵製成的碁石茶等以往僅少量生產的茶，也開始受到矚目。

岡山縣則是以美作番茶爲開端，相當盛行生產番茶。德島縣則有阿波番茶或寒茶等少見的茶品。在地生根的小型茶產地，非常有趣又耐人尋味。

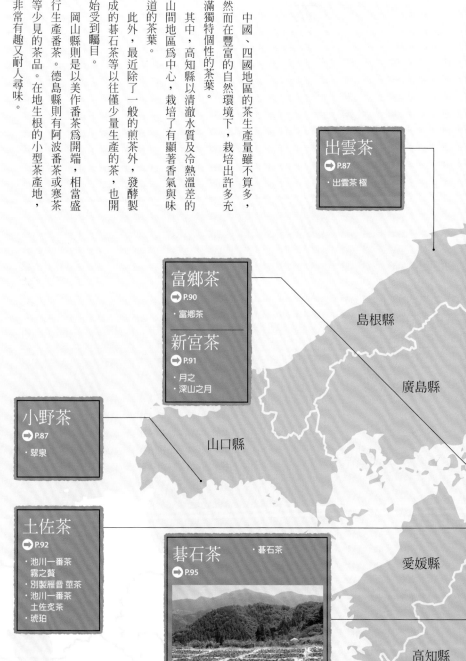

岡山 海田茶

陽光曝曬製作的焦香番茶極受歡迎

美作市海田地區是代表岡山縣的知名茶葉產地。北部是中國山系的廣大綠地，吉野川與梶並川的豐沛水流流經中央部。雖然氣候溫暖但日夜溫差極大，這也是栽種出好茶的原因。

這個地區自江戶時代起爲了活化地區產業而開始製茶，之後從事煎茶的栽培。現在，以稱爲「美作番茶」的番茶最爲有名。

美作番茶是在7月中旬到8月中旬之間，使用連枝割下的茶葉進行製作。

首先，用大鐵鍋燜煮茶青，在蓆子上攤開茶葉，澆上煮茶葉的汁再曝曬陽光是其一大特色。變成淺棕色的茶葉香氣很迷人，是鄉土色彩濃厚且頗受歡迎的番茶。

番茶

美作 焙番茶

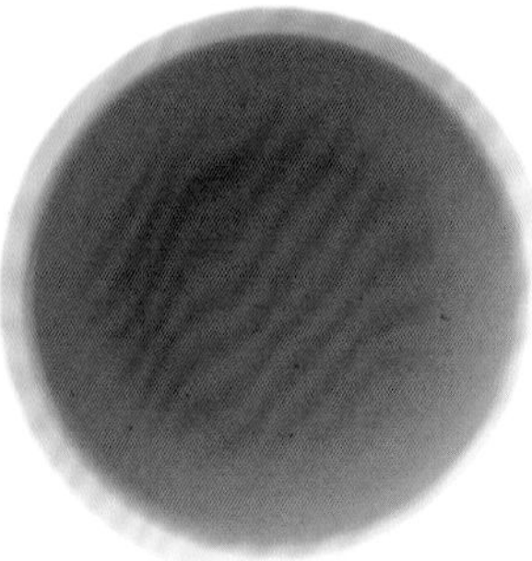

首先，使用老式的鐵鍋燜煮連枝割下的茶葉。

100°C
1～2分鐘

製造　茶之芳香園
品種　在來種
價格　150g　500日圓
諮詢電話
+81-868-72-0350
URL　http://www.ocha-mimasaka.com/

茶湯色	綠　色	◆・・・・・	黃　色
茶香氣	焙火香	◆・・・・・	青草香
茶風味	甘甜味	◆・・・・・	苦澀味

番茶自古以來便是以陽光曝曬的製法持續製作至今。在茶壺內燜煮1～2分鐘左右，茶湯色即會呈現美麗的暗紅色。芳香宜人，有溫潤的味道。

中國・四國

鳥取 大山茶

地區統一整合實踐有機農法

在日本名山之一，大山山麓的廣大丘陵地生產的茶。位於鳥取縣中西部的這一帶，是鳥取縣最大的茶葉產地。

鳥取縣的山地背陽面多有積雪，因此生產茶的地區極少。其中，大山町活用山間地獨有的氣候與清澈的森林泉水，約30年前開始生產茶葉。

「提供安全安心的茶葉」在如此想法下，從開始生產時便採用無農藥、有機農法是大山茶的最大特色。除了給予優質的肥料，也持續努力改善土壤。

耗費時間勞力栽種的茶，除了煎茶以外，也製造焙茶、番茶、日式紅茶等，吸引了許多來自茶葉產地不多的鳥取縣與鄰近縣市的顧客。

新茶的採收從5月上旬開始。

莖茶

大山綠 抹茶入白折

80°C
1分鐘

製造 長田茶店
品種 藪北
價格 80g 572日圓
諮詢電話 +81-120-475-023
URL http://www.nagatachamise.jp/

茶湯色	綠色 ◆・・・・・	黃色
茶香氣	焙火香 ・◆・・・・	青草香
茶風味	甘甜味 ◆・・・・・	苦澀味

在山地背陽的地區，經常飲用將抹茶加入莖茶內的白折茶。米子市的老店．長田茶店的白折茶，是使用了在陣構地區採用有機栽培的上等莖茶製成的高級品。

鳥取 用瀨茶

自江戶時代開始生產的因幡地區的茶產地

鳥取市用瀨町，是以流雛祭[1]之鄉而聞名的地區。當地自古以來皆自行生產自家使用的番茶，自1853年左右，將製茶作爲產業，茶葉栽培相當興盛。

據說明治時代甚至輸出至海外。現在則是以煎茶和焙茶爲中心，仔細地栽培育茶。

1 流雛祭，是將雛人形放入河流或海洋任其流離的日本

可眺望名山「大山」的茶園。

煎茶

千代綠

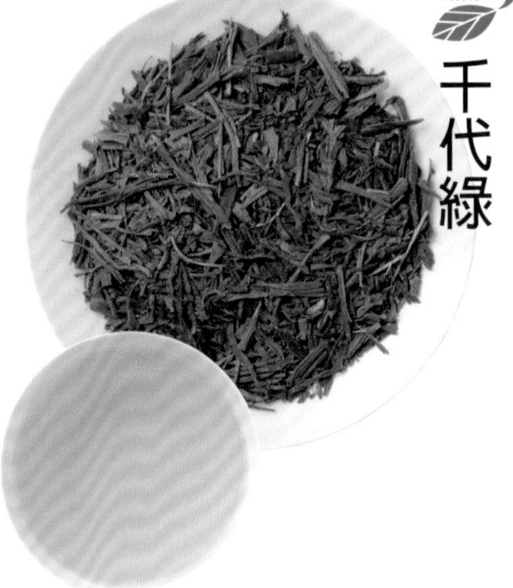

用瀨茶的生產地中唯一經營製茶業的三角園所精心製造的煎茶。以無農藥的「特別栽培茶」獲得鳥取縣認證。也作為招待賓客的茶品。

70°C　3分鐘

製造　三角園
品種　藪北
價格　80g　736日圓
諮詢電話
+81-858-87-2137
URL　無

茶湯色	綠色	● ● ◆ ● ●	黃色
茶香氣	焙火香	● ● ◆ ● ●	青草香
茶風味	甘甜味	● ● ◆ ● ●	苦澀味

番茶

大山陣構 番茶

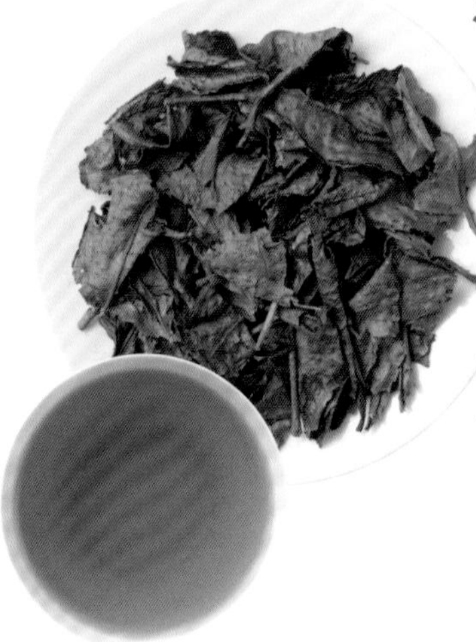

陣構地區自30年前開始生產，便持續採用無農藥的有機栽培。雖然是以日式紅茶知名的地區，但長期生產的傳統番茶也是人氣商品之一。

100°C　3～5分鐘

製造　陣構茶生產組合
品種　藪北
價格　210g　389日圓
諮詢電話
+81-859-54-4292
URL　無

茶湯色	綠色	◆ ● ● ● ●	黃色
茶香氣	焙火香	◆ ● ● ● ●	青草香
茶風味	甘甜味	● ◆ ● ● ●	苦澀味

島根 出雲茶

依傳統方式栽培 當地獨有的茶葉

由出雲松江藩的第七代藩主松平不昧（治鄉）獎勵茶道並作爲愛好飲茶的茶人而聞名，及至今日，島根地區依然有日常飲用此茶的習慣。因此島根縣的茶葉消費量在日本全國首屈一指。

歷史悠久的茶葉生產地，有島根縣東部、出雲平野的斐伊川周邊、以及出雲市多久町。新茶的採收自5月上旬開始。

山口 小野茶

受惠於豐富的自然環境 在廣大的茶園生產茶葉

在山口縣西部、宇部市的小野地區生產的茶。佈滿濃霧的鷹之子山麓，有廣大的茶園遍布。

全日本最大的喀斯特台地，創造出以秋吉台爲源流的厚東川，以及眞砂與紅土混合的土壤，當地以生產濃郁風味的煎茶爲主流。

新茶的採收自4月下旬開始。

煎茶

出雲茶 極

以1907年創業的老店自豪的煎茶。自栽自種的農園，只使用5月採收的新茶。自2010年起連續4年獲得島根縣茶品評會的最優秀獎。

80℃ 90秒

製造 桃翠園
品種 冴綠、藪北
價格 50g 1,000日圓
諮詢電話 +81-853-72-0039
URL http://tousuien.jp/

茶湯色 綠色 ◆ 黃色
茶香氣 焙火香 ◆ 青草香
茶風味 甘甜味 ◆ 苦澀味

煎茶

翠泉

昭和40年代（1965年後）形成的100ha大茶園。

小野茶的第一批茶。苦味和澀味稍強，能充分品嚐到小野茶的特色。

70℃ 1分鐘

製造 山口茶業
品種 藪北
價格 80g 1,000日圓
諮詢電話 +81-836-64-2116
URL http://www.onocha.com/

茶湯色 綠色 ◆ 黃色
茶香氣 焙火香 ◆ 青草香
茶風味 甘甜味 ◆ 苦澀味

中國·四國

德島

阿波番茶

以依循古法的製法製造的樸實滋味頗受歡迎

德島縣山間地流傳的稀有茶種，現在只有本縣中部的上勝町，和南部的那賀町持續生產。

據說製茶歷史長達800年，在當地是頗受喜愛的日常茶飲。與一般番茶不同，使用第一批茶製作是特色之一。不過，卻不在新芽期間摘取，而是等到夏天茶葉成熟後再割下。因此，有時會不使用「番茶」這個名稱，而改以「晚茶」稱呼這種茶。

製茶法也很獨特。摘取的茶先蒸過或燙過再揉搓，變軟的茶葉置於木桶中發酵1～2星期，再經曝曬乾燥便完成。

由於藉由乳酸菌發酵，對腸胃很溫和，咖啡因含量也不多，是需求量很高的健康茶。近年來是受到矚目的貴重茶葉。

後發酵茶

阿波番茶

照片上／在重石壓住的木桶內發酵7～10天。
照片下／在8月間的晴朗日曝曬陽光。據說用整整1天曬乾，是茶葉美味的秘訣。

100℃
5分鐘

製造　立石園
品種　在來種、藪北
價格　100g　700日圓
諮詢電話
+81-088-622-6468
URL　無

茶湯色　綠　色 — 黃　色
茶香氣　焙火香 — 青草香
茶風味　甘甜味 — 苦澀味

隨著爽朗的香氣，能隱約感覺到由發酵產出的微酸味。澀味少，味道清爽，也很適合冷藏後再飲用。

中國・四國

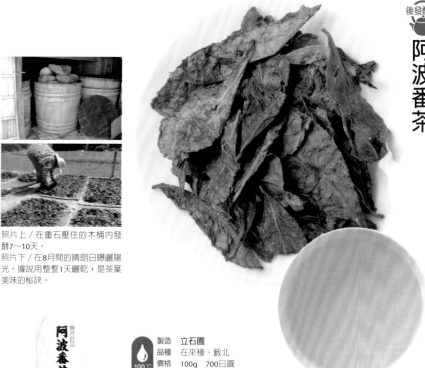

德島

寒茶

使用甜味與鮮味濃縮的冬茶

位於德島縣最南端的舊宍喰町一帶所生產的獨具個性的番茶。

由於在冬天最冷的時期製造，故稱爲「寒茶」。

這個溫暖的地區自古便有茶樹自然生長，過去農家的主婦們會自己加工茶葉供自家使用。

在這當中，得知寒冷時期的茶特別好喝，便開始製作寒茶。茶樹到了冬季，會囤積充足的養分以禦寒，因而更增鮮味與甜味。

寒茶在製造時，是以手工方式將無農藥自然栽培生長的茶葉一片片摘下採收。以蒸氣蒸過趁熱用手搓揉，再置於木桶中發酵後，在陽光下曝曬乾燥。之後再手揉完成。

咖啡因及單寧的含量極少，呈現樸實溫和的滋味。

番茶

寒茶

於1～3月的嚴寒時期手工採摘。

100°C

2～3分

製造 海部農業協同組合
品種 在來種
價格 50g 680日圓
諮詢電話
+81-884-73-1231
URL 無

茶湯色 綠色 ←→ 黃色
茶香氣 焙火香 ←→ 青草香
茶風味 甘甜味 ←→ 苦澀味

秘境生產的傳統番茶。在一年當中最寒冷的時期採摘葉厚的茶青，甜味較濃郁。有溫和的茶湯色，以及溫潤甘甜的風味。

香川 高瀨茶

在得天獨厚的氣候環境下栽培 少量生產製成的上等茶

在位於香川縣西南部三豐市高瀨町生產的高瀨茶。山間的丘陵地茶園廣布，受惠於溫暖氣候，能製作出色、香、味皆傑出的煎茶。生產量雖少，卻是行家皆曉的名茶。新茶的採收自4月下旬開始。

煎茶

高瀨

山間宛如拼布般茶園廣布。

使用八十八夜時採摘的茶，製成柔和甘甜的美味煎茶。

70°C　1分鐘

製造　高瀨茶業組合
品種　藪北（偶爾也含有品種「明綠」）
價格　100g　1,000日圓
諮詢電話
+81-875-74-6011
URL　http://takasechagyou.jp/

茶湯色 綠色 • • ◆ • • 黃色
茶香氣 焙火香 • • • ◆ • 青草香
茶風味 甘甜味 • • ◆ • • 苦澀味

愛媛 富鄉茶

享受朝霧恩惠的山間名茶

位於四國山地的一處，愛媛縣東部的四國中央市富鄉町製造的茶。朝霧瀰漫的山間地區相當適合茶葉栽培。當地於昭和30年代（1955年後）承接來自新宮町的藪北的樹苗，而開始種植茶樹。茶葉的流通量雖少，主要是以當地居民喜愛的煎茶爲生產主流。

煎茶

富鄉茶

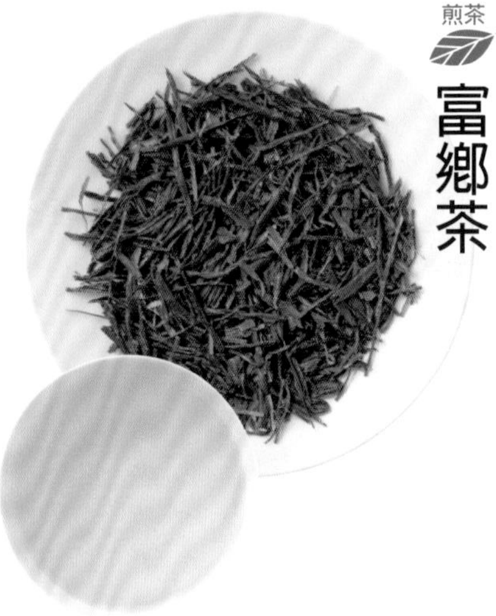

在農業協同組合的製茶工廠內，仔細加工銅山川這條清流流經的山間地區所栽培的茶，以製成美味的煎茶。此茶苦味少，風味樸實。

60°C　3分鐘

製造　JA UMA
品種　藪北
價格　100g　1,000日圓
諮詢電話
+81-896-22-0336
URL　http://www.ja-uma.or.jp/

茶湯色 綠色 • • ◆ • • 黃色
茶香氣 焙火香 • • ◆ • • 青草香
茶風味 甘甜味 • • ◆ • • 苦澀味

愛媛

新宮茶

芳香宜人 四國的茶葉產地

在愛媛縣東邊，四國中央市新宮町的山間地生產。

溫差大的氣候很適合栽種茶樹，此地利用自然生長的山茶，自古便以手揉方式製茶。

正式生產始於1954年，從引進靜岡的品種藪北茶開始。困難的插枝種苗法獲得成功，於是擴大生產。

這個地區的土壤，含有讓茶葉更芬芳的綠泥片岩，這裡製造的新宮茶的香味號稱日本第一。

現在，這一帶的地區實踐無農藥栽培，主要生產香味豐富的煎茶。

終其一生極力引進藪北品種的脇久五郎的銅像。

煎茶

月之雫

繼承新宮茶創始人、脇久五郎的技術與志業的茶園，製成的極上煎茶。以極度芳香聞名。擁有稍淡的澄澈茶湯色，以及高級的澀味。

50°C
3分鐘

製造　脇製茶場
品種　藪北、朝露
價格　100g　2,000日圓
諮詢電話
+81-896-72-2525
URL　http://www.waki-tea.co.jp/

茶湯色 綠　色 ◆ 黃　色
茶香氣 焙火香 ◆ 青草香
茶風味 甘甜味 ◆ 苦澀味

煎茶

深山之月

早晚溫差大的山間地區才能生產出這種風味豐富的茶。地區整體徹底實踐無農藥栽培的安全茶葉，是當地最自豪的商品。

75～80°C
2～3分

製造　JA UMA
品種　藪北
價格　100g　800日圓
諮詢電話
+81-896-24-2311
URL　http://www.ja-uma.or.jp/

茶湯色 綠　色 ◆ 黃　色
茶香氣 焙火香 ◆ 青草香
茶風味 甘甜味 ◆ 苦澀味

中國・四國

高知
土佐茶

全日本認同的高品質山茶

高知縣生產的茶統稱爲「土佐茶」。

正如從以前被稱爲山茶的茶樹自然生長，高知縣的山間地區，是適合栽培茶樹的環境。據說此地在江戶時代便已開始製茶。生產地大多在仁淀川、四萬十川等大河的上游流域，山的急斜面是一整片茶園。

在山間地生長的土佐茶，因日照時間少，加上河川帶來朝霧的影響，成了苦味較少、茶香氣豐富的茶。受到日本全國的高度評價。

以往生產量將近8成都出貨到靜岡縣等地，用來混合成高級茶，但近年來，作爲土佐茶出貨的製品逐漸增加。

雖然主要是生產煎茶，但也有製作蒸製玉綠茶、番茶與焙茶等，2013年更以「土佐炙茶」之名，作爲此種焙茶的新品牌誕生，受到極大矚目。

新茶的採收從4月下旬開始。

煎茶

池川一番茶 霧之贅

80℃
2分鐘

製造　池川茶業組合
品種　藪北
價格　100g　1,000日圓
諮詢電話
+81-889-34-3877
URL　http://www.ikegawacha.jp/

茶湯色	綠　色	◆（第4格／共5格）	黃　色
茶香氣	焙火香	◆（第4格／共5格）	青草香
茶風味	甘甜味	◆（第1格／共5格）	苦澀味

高知縣西部的山間城市仁淀町，是高知縣的茶葉產地。由仁淀川帶來的朝霧栽培茶樹製成香氣豐富的煎茶。「霧之贅」是使用第一批茶製成的上等煎茶。

以清流著稱的仁淀川沿岸有廣大茶園。

焙茶

池川一番茶 土佐炙茶

土佐茶的新品牌「土佐炙茶」。燒製100%山口縣生產的莖茶製成，是帶有焦香味且餘韻無窮的滋味。獲得嚴正審查單位的認證。

90℃
2分鐘

製造　池川茶業組合
品種　藪北
價格　100g　500日圓
諮詢電話
+81-889-34-3877
URL　http://www.ikegawacha.jp/

茶湯色 綠　色 ⟷ 黃　色
茶香氣 焙火香 ⟷ 青草香
茶風味 甘甜味 ⟷ 苦澀味

莖茶

別製雁音 莖茶

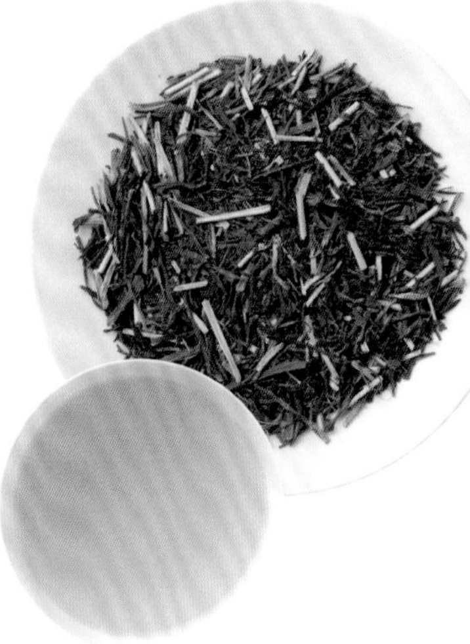

創業80年的若草園，其店面設立在高知市商店街上。只使用第一批茶，莖茶當然也只用縣內生產的第一批茶的莖。特色是清爽且餘韻芳香。

80℃
40秒

製造　若草園
品種　藪北
價格　100g　740日圓
諮詢電話
+81-88-823-2962
URL　http://www.wakakusaen.com/

茶湯色 綠　色 ⟷ 黃　色
茶香氣 焙火香 ⟷ 青草香
茶風味 甘甜味 ⟷ 苦澀味

TEA BREAK
品茶休憩時刻

茶中浮現的灰塵是什麼？

仔細瞧瞧沏好的茶水表面，有時會浮現類似灰塵的物質。這並非灰塵而是毛茸，是生長在柔軟嫩葉背面，像胎毛般的東西。愈高級的茶愈常使用嫩芽，因此茶水表面浮現這種白毛，其實是表示它爲品質極好的茶。

毛茸不會長在隨著生長而變硬的茶葉上，因此採摘時也能藉此推測茶葉的成長度。往後在喝茶時，注意一下茶水表面也別有一番趣味喔！

假如在造訪之處主人端出浮有胎毛的茶，便是爲對方沏了上等茶款待的證據。

浮現在茶水表面的毛茸。這代表此茶是高級茶，可以直接品嚐。

精心仔細地拌炒2次以避免甘甜味飛散。

焙茶

琥珀

以創業90年的土佐茶老店自豪，此茶是該店在味道上極有自信的焙茶。拌炒上等茶葉2次留住茶葉的甘甜味。香氣高，做成冷茶亦毫不遜色。

80～90℃
30～40秒

製造　土佐茶工房 森木久次郎商店
品種　藪北
價格　100g　1,345日圓
諮詢電話　+81-88-831-5599
URL　http://www.kyujiro.com/

茶湯色 綠　色 ← → 黃　色
茶香氣 焙火香 ← → 青草香
茶風味 甘甜味 ← → 苦澀味

中國・四國

高知 碁石茶

以傳統製法製造具酸味的後發酵茶

只在四國山地的中央部，吉野川流域的大豐町生產，是全世界的稀有發酵茶之一。製造過程中，會將切割成3cm塊狀的茶塊排列曝曬在陽光下，看起來就像棋盤上的棋子（碁石），因此稱爲碁石茶。

生產的時間爲夏季。先將採摘的茶葉放置在蒸桶內蒸煮約2小時，再靜置儲藏室內數日使茶葉發酵。發酵後再放進桶內繼續發酵。然後不要弄散成品直接裁切，以四方形的塊狀直接曝曬乾燥是此茶的特色。

碁石茶的起源不明，據說早在江戶時代便已開始生產，且有出貨至瀨戶內海各島的記錄。當時，使用碁石茶作爲湯底炊煮等用途的情形，遠多過直接作爲茶飲飲用。

現在因生產量極少的緣故，被稱作是夢幻之茶。

後發酵茶

碁石茶

照片上／在木桶中醃漬已發酵的茶。
照片下／將醃漬後裁切好的茶塊鋪在地上曝曬陽光。

100℃
7～10分鐘

製造 大豐町碁石茶協同組合
品種 山茶2種與藪北
價格 50g 2,800日圓
諮詢電話 +81-887-73-1818
URL http://www.town.otoyo.kochi.jp/

茶湯色	茶 ◆・・・・・	黃色
茶香氣	焙火香 ・・◆・・	青草香
茶風味	甘甜味 ◆・・・・・	苦澀味

特色是由植物性乳酸菌發酵產生的酸甜味道與香氣。乳酸菌含量是普洱茶的20倍。添加砂糖或蜂蜜也非常美味。

九州、沖繩地區

集合日本國內屈指可數的傑出茶產地

氣候溫暖的九州地區是育茶非常興盛的地區。扣掉沖繩縣，九州7縣的茶生產量，占了全日本茶生產量的4成。

不只是產量，生產各種茶葉也是這個地區的特徵，以鹿兒島縣的煎茶為開端，福岡縣的玉露和碾茶也相當知名。

此外，九州地區很早以前即和中國與朝鮮半島交流熱絡，因而有釜炒茶與蒸製玉綠茶等獨特茶文化傳入。這些傳統流傳至今，也是九州茶葉獨有的魅力所在。

嬉野茶
P.103
・特上釜炒茶
・嬉野銘茶 湯岳
・莖焙茶
八女茶
P.98
・焙爐式玉露 許斐久吉
・八女白茶
・極煎茶 翠
星野茶
P.100
・傳統本玉露
・星之抹茶 星授
・星之玉露 星之秘園
世知原茶
P.105
・峰之露
彼杵茶
P.105
・長崎釜炒茶 特上
福岡縣
佐賀縣
大分縣
岳間茶
P.107
・朝霧
長崎縣
熊本縣
五島茶
P.106
・五島的氣息
熊本茶
P.106
・湧雅的心地（熟成藏出）
宮崎縣
鹿兒島縣
鹿兒島茶
P.111
・奧霧島茶
・豐綠 千兩
・雪深 獻
知覽茶
P.113
・知覽茶黑罐
・知覽產 朝露
穎娃茶
P.114
・開聞綠
都城茶
P.109
・香之煎茶 YOKANISE

福岡

八女茶

筑後平野南部的溫暖茶產地

所謂八女，是以位於福岡縣東南部的八女市爲中心，在筑後市、廣川町等城市生產的茶的總稱。八女茶的起源，據說是1423年時，由周端禪師從中國明朝帶回茶樹種子到日本，於現在的八女市黑木町建寺，並在寺內栽培茶樹開始。

筑後平野南部的這一帶，氣候溫暖且晝夜溫度差異大，加上矢部川流域容易起霧，這片土地可說是備齊了培育上等茶樹的各種條件。

當地的生產主流雖是煎茶，卻也在山間地區生產被茶及玉露。尤其玉露的生產量更是全日本之冠，並在全日本茶品評會上連續12年獲得農林水產大臣獎，是全日本知名的茶葉。

新茶的採收從4月中旬開始，5月上旬到達顛峰。

6月中旬採收第二批茶，溫暖的平野地區因受惠於自然條件，7月下旬甚至還能

玉露

焙爐式玉露 許斐久吉

焙爐式煎焙法作業中。可以在堅韌的八女和紙上以炭火仔細燒製完成。

65℃

3分鐘

製造 許斐本家（KONOMI HONKE）
品種 藪北、奧綠
價格 80g 3,000日圓
諮詢電話 +81-943-24-2020
URL http://www.konomien.jp/

茶湯色 綠色 ◆・・・・ 黃色
茶香氣 焙火香 ◆・・・・ 青草香
茶風味 甘甜味 ◆・・・・ 苦澀味

寶永（1704年～1710年）年間創業，八女歷史最悠久的茶批發商所自豪的玉露。以稱為八女茶原點的焙爐式煎焙法製成的玉露，可以品嚐到焙爐香這種傳統香氣。

採收到第三批茶，但實際上，大多數茶園都在採收完第二批茶之後就結束。如此，能使茶樹的枝葉大大生長，讓隔年的第一批茶更加鮮美。

也是觀光勝地的八女中央大茶園。寬闊占地約65ha，是福岡縣內最優質的集團茶產地。

煎茶

極煎茶 翠

入江茶園的人氣商品。在海拔高度450m左右的山頂，超過30年以上不使用農藥栽培茶葉。甘甜味與澀味的調和均衡，且餘韻清爽。

75℃
1分鐘

製造　入江茶園
品種　冴綠、藪北
價格　100g　1,500日圓
諮詢電話
+81-943-42-0881
URL　http://www.irie-chaen.com/

茶湯色 綠　色 ◆・・・・ 黃　色
茶香氣 焙火香 ・・・◆・ 青草香
茶風味 甘甜味 ・◆・・・ 苦澀味

煎茶

八女白茶

以八女產的茶重現利用白銀胎毛覆蓋的白毫銀針這種珍貴稀有的中國白茶。能隱約感受淡淡甜味的玉露風口感。回沖第2次也非常好喝。

60～70℃
1分鐘

製造　古賀茶業
品種　藪北
價格　50g　1,500日圓
諮詢電話
+81-944-63-2333
URL　http://www.kogacha.co.jp/

茶湯色 綠　色 ・・・◆・ 黃　色
茶香氣 焙火香 ・・◆・・ 青草香
茶風味 甘甜味 ◆・・・・ 苦澀味

福岡 星野茶

在瑰麗的里山製作的上等玉露

八女茶之一，位於與大分縣交界的縣境位置，在八女市被稱爲奧八女的星野地區所生產的星野茶。這個地區的茶樹栽培始於800年前。從中國帶回茶種的榮西禪師，於現在的久留米市開山建寺，由於分寺位於星野村，栽培方法就此流傳下來。

星野村一帶爲海拔高的山地，大自然環境豐富，是能看見燦爛星空的著名場所。清流星野川流經村子中央，周遭是整片的茶園。這種地形容易形成朝霧，由於空氣冷冽清澈，得以種出優質的茶。

其中聞名全國的玉露，繼承了古老的栽培方法。摘取新芽前的20～30大內，整座茶園用稻草覆蓋遮蔽日光，精細地調整遮光率。細心呵護的茶葉具有獨特的甜味與芳醇的茶香氣，是非常受歡迎的稀少玉露。

附帶一提，八女地區獨自設下標準，在自然造就的茶園裡，以自然資材覆蓋，

玉露

傳統本玉露

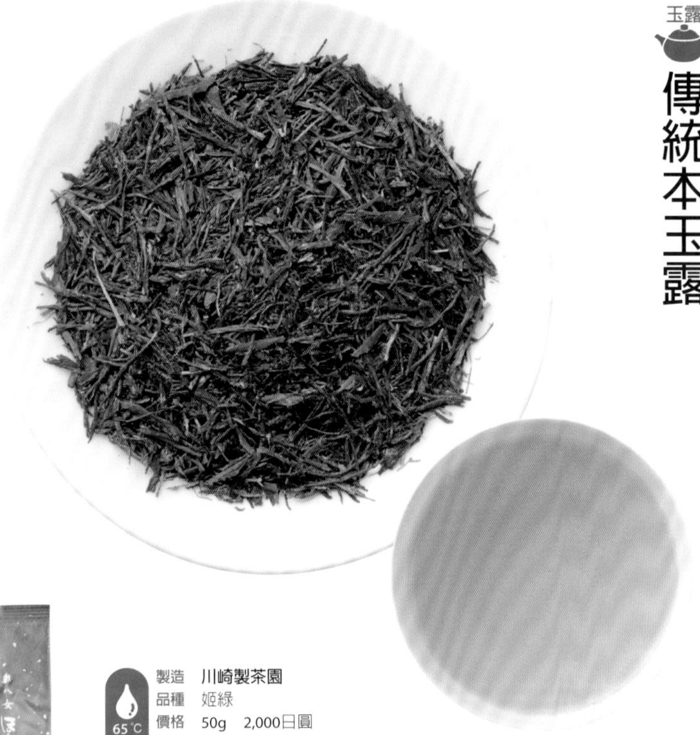

以稻草覆蓋的覆下茶園。

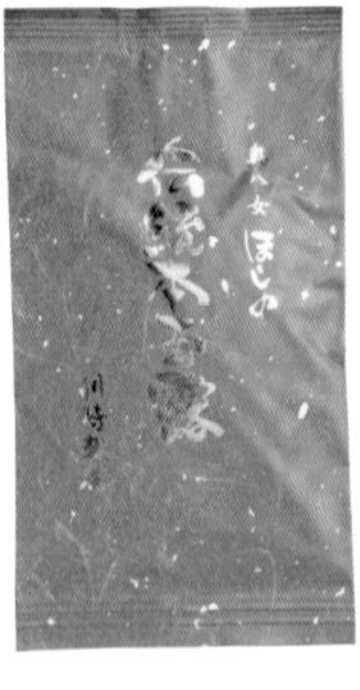

65℃
2分鐘

製造 川崎製茶園
品種 姬綠
價格 50g 2,000日圓
諮詢電話
+81-943-52-2025
URL http://www.mfj.co.jp/kawasaki/

茶湯色 綠 色 ● ◆ ● ● ● ● 黃 色
茶香氣 焙火香 ● ● ◆ ● ● ● 青草香
茶風味 甘甜味 ● ◆ ● ● ● ● 苦澀味

傳統本玉露是採摘第一批茶之前，以稻草覆蓋茶樹栽培約30天，再由手工採摘的高級茶。榮獲多項獎賞，是難得可貴的逸品，可以品嚐到「覆香」這種宛如海苔的風味。

九州・沖繩

——手摘的茶稱爲「傳統本玉露」。
新茶的採收從4月下旬開始。

星野村的玉露園和煎茶園。玉露園以稻草覆蓋栽培。

抹茶

星之抹茶 星授

製造 星野製茶園
品種 奧綠、朝日、冴綠
價格 20g 1,500日圓
諮詢電話
+81-943-52-3151
URL https://www.hoshitea.com/
80℃
無

茶湯色 綠 色 ⟷ 黃 色
茶香氣 焙火香 ⟷ 青草香
茶風味 甘甜味 ⟷ 苦澀味

嚴選最適合製成抹茶的品種，由採取傳統本玉露製法栽培的最高級茶製成。雖然是濃茶專用的抹茶，但沏成薄茶品嚐亦同樣美味。以茶臼研磨的抹茶具有鮮度感且香氣高。

九州・沖繩

玉露

星之玉露 星之秘園

星野製茶園的人氣商品。代表甘甜味與香氣皆出色的傳統本玉露的高級玉露。口感溫潤有甘甜味，飲用順口，也適合用水浸式沖泡。

50°C
90秒

製造 星野製茶園
品種 冴綠、奧綠、藪北
價格 50g 2,000日圓
諮詢電話
+81-943-52-3151
URL https://www.hoshitea.com/

茶湯色	綠色 ●◆●●●●	黃色
茶香氣	焙火香 ●●◆●●●	青草香
茶風味	甘甜味 ◆●●●●●	苦澀味

佐賀 嬉野茶

釜炒茶的發祥地 蒸製玉綠茶也生產興盛

位於佐賀縣西南部的嬉野町周邊，平緩山間的大片茶園，自古便是茶產地。1504年自中國明朝帶回南京釜（鍋具），也是日本首度傳入茶葉釜炒製法的產地。

在約400℃高溫的釜鍋中拌炒茶葉使發酵停止的釜炒茶，正因為生產量少，如此獨特的嬉野茶也吸引不少忠實愛好者。

現在，當地也很盛行生產蒸製玉綠茶。蒸製玉綠茶有深沈的色澤，味道和香氣也十分強烈。

新茶的採收從4月中旬開始，至秋冬的番茶為止，可採收4次。

嬉野市每年舉行釜炒茶手工拌炒的模樣。

九州・沖繩

釜炒茶

特上釜炒茶

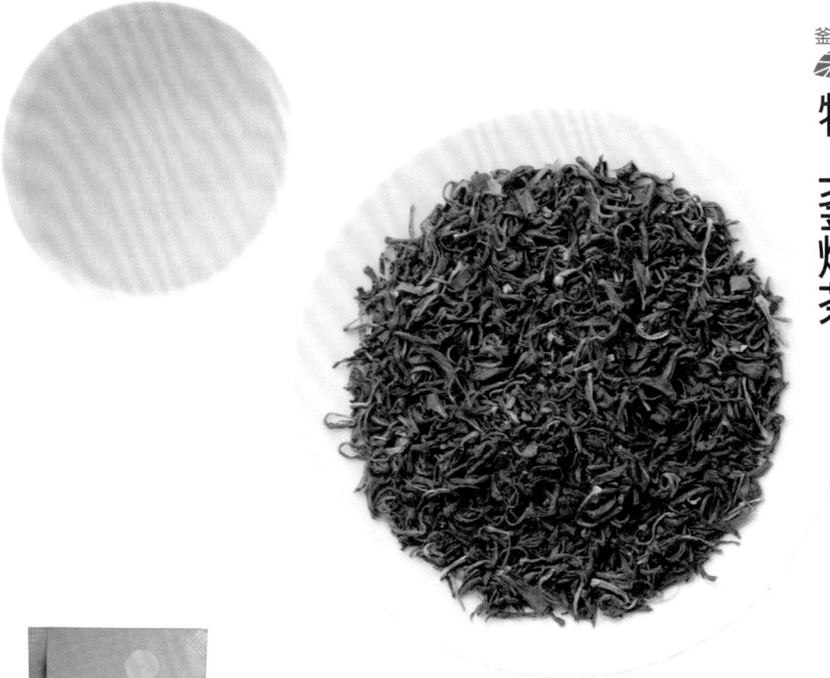

85℃
1分鐘

製造 山輝園
品種 藪北
價格 100g 1,500日圓
諮詢電話
+81-954-43-3360
URL http://www.yamakien.jp/

茶湯色	綠色	●●●◆●	黃色
茶香氣	焙火香	●◆●●●	青草香
茶風味	甘甜味	◆●●●●	苦澀味

繼承500年傳統的釜炒茶，有明顯的香氣及黃金般的茶湯色。入喉時的口感清爽舒暢，愛好者衆。是沿襲古法製成的貴重茶品。

山間地上層層延展的嬉野茶園。

焙茶

莖焙茶

以今日罕見難得的傳統砂炒製法製成的焙茶。在高溫的砂中放入茶葉拌炒，利用遠紅外線的效果做成甘甜美味的茶。

95°C
1分鐘

製造　**山輝園**
品種　藪北
價格　100g　600日圓
諮詢電話
+81-954-43-3360
URL　http://www.yamakien.jp/

茶湯色 綠　色 ◆・・・・・ 黃　色
茶香氣 焙火香 ◆・・・・・ 青草香
茶風味 甘甜味 ・・◆・・・ 苦澀味

嬉野茶發祥地的石碑。

蒸製玉綠茶

嬉野銘茶 湯岳

創業150年老店的蒸製玉綠茶。澀味少，溫潤口感適合佐餐時飲用。高雅的香氣和瑰麗的茶湯色也極有魅力。

80°C
30～50秒

製造　**井手綠薰園**
品種　藪北、冴綠
價格　100g　1,500日圓
諮詢電話
+81-120-410-690
URL　http://www.ureshino-tea.co.jp/

茶湯色 綠　色 ・◆・・・・ 黃　色
茶香氣 焙火香 ・・・・◆・ 青草香
茶風味 甘甜味 ・◆・・・・ 苦澀味

長崎 彼杵茶

也從長崎輸出自古以來的茶葉產地

位於長崎縣中部的東彼杵町自古便是茶葉產地。以生產蒸製玉綠茶爲主，也有製造傳統的釜炒茶。

在採收的前幾天，很多茶園會在茶樹上覆蓋罩布是當地的特色。藉由遮蔽日光，提取出高雅的香氣與滋味。

新茶的採收從4月中旬開始。

長崎 世知原茶

寒冷霧深自然環境豐富的茶葉產地

1191年，榮西禪師從宋朝將茶樹種子帶回長崎平戶，之後茶葉推廣到各地。位於佐世保市山間地區的世知原町接近平戶，自古便有茶樹自然生長。寒冷霧深的氣候適合栽培茶樹，從明治時代開始擴大生產。現在主要生產蒸製玉綠茶。

釜炒茶

長崎釜炒茶 特上

在遠眺五島列島和平戶島的層層旱田上栽培的茶，以釜炒製法製茶。當地以生產蒸製玉綠茶為主，精心製出傳統般風味溫和的茶。

70˚C
1分鐘

製造　上之原製茶園
品種　藪北
價格　100g　1,000日圓
諮詢電話
+81-956-63-2712
URL　http://kamairicha.net/

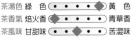

茶湯色 綠　色 ─ 黃　色
茶香氣 焙火香 ─ 青草香
茶風味 甘甜味 ─ 苦澀味

蒸製玉綠茶

峰之露

山間地區遼闊的美麗茶園。

茶湯色呈清透的黃綠色，精緻、順口、好入喉。餘韻中留有淡淡的甜味。

60～70˚C
80秒

製造　前田製茶
品種　藪北
價格　100g　1,000日圓
諮詢電話
+81-956-78-2627
URL　無

茶湯色 綠　色 ─ 黃　色
茶香氣 焙火香 ─ 青草香
茶風味 甘甜味 ─ 苦澀味

九州・沖繩

長崎 五島茶

活用島嶼環境的全新茶葉產地

長崎縣西部，面臨東海的五島列島，活用溫暖的氣候自1997年開始栽種茶樹。

原本是知名的五島牛產地，由於大量使用堆肥，於是開始進行自然農業的茶樹栽培。這種茶的特色是甜味強烈，味道絕佳。

蒸製玉綠茶

五島的氣息

從培育土壤即極其講究的五島茶人氣商品。採茶前，蒸製玉綠茶必須覆蓋茶樹約1星期以誘發出甜味，此茶澀味少且味道濃郁。

70～80°C
90秒

製造　Green Tea五島
品種　藪北
價格　100g　1,000日圓
諮詢電話
+81-959-72-4426
URL　http://tsubakicha.jp/

茶湯色 綠　色（•　•　•　•　◆　•）黃　色
茶香氣 焙火香（•　◆　•　•　•　•）青草香
茶風味 甘甜味（•　◆　•　•　•　•）苦澀味

熊本 熊本茶

九州地方獨有的知名蒸製玉綠茶

熊本縣是茶葉生產縣之一，生產地從平原遍布山間地。活用各地的自然環境製造各種茶，這些總稱爲熊本茶。

尤其蒸製玉綠茶大量生產，生產量占全日本的4分之1。

蒸製玉綠茶

湧雅的心地（熟成藏出）

熊本等級認證為三顆星的茶葉。在栽培方法、品質、樹齡、成分等條件上設定高標準值，只採用全都達標的茶葉製造。味道溫潤宜人。

80°C
1分鐘

製造　JA熊本經濟連茶業中心
品種　冴綠、藪北、奧豐、奧綠
價格　80g　1,000日圓
諮詢電話
+81-964-33-5715
URL　http://kumamotocha.jp/

茶湯色 綠　色（•　◆　•　•　•　•）黃　色
茶香氣 焙火香（•　•　◆　•　•　•）青草香
茶風味 甘甜味（◆　•　•　•　•　•）苦澀味

熊本
矢部茶

積極生產釜炒茶與蒸製玉綠茶

熊本縣中部的山都町（舊矢部町地區），從傳來釜炒製法的時期開始發展製茶。在江戶時代獻給肥後藩。現在主要生產釜炒茶、蒸製玉綠茶。由於高海拔地區日夜溫差大，能長出甜味與香氣濃烈的茶。

釜炒茶

釜炒矢部茶上

下田茶園採用無農藥栽培已連續超過20年。使用獨自開發的下田式釜炒機，混合3種品種的第一批茶，製出香味高且餘韻悠長的茶。

80℃
2分鐘

製造　下田茶園
品種　奧豐、冴綠、大井早生
價格　100g　1,000日圓
諮詢電話
+81-967-72-0244
URL　無

茶湯色 綠　色 ⟷ 黃　色
茶香氣 焙火香 ⟷ 青草香
茶風味 甘甜味 ⟷ 苦澀味

熊本
岳間茶

發展為獻給肥後藩主的貢品茶

岳間是位於熊本縣最北部的山鹿市鹿北町的地名。據傳岳間茶在江戶時代獻給肥後藩藩主細川家。

因有日夜溫差、四季變化也很大，葉肉肥厚是它的特色。可製成深蒸煎茶，蒸製玉綠茶。

深蒸煎茶

朝霧

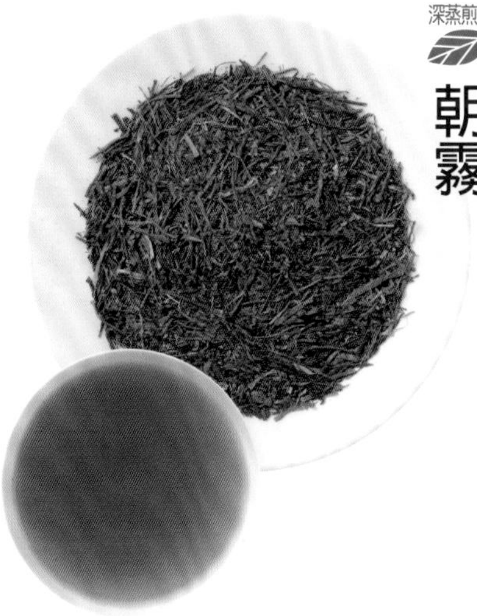

在海拔300m高、冬季積雪的茶園生長的茶葉皆葉肉肥厚，最適合做成深蒸煎茶。茶湯色呈濃綠色，澀味少且甜味豐富。

60℃
1分鐘

製造　岳間製茶
品種　藪北
價格　100g　1,500日圓
諮詢電話
+81-968-32-2526
URL　http://takema-tea.biz/

茶湯色 綠　色 ⟷ 黃　色
茶香氣 焙火香 ⟷ 青草香
茶風味 甘甜味 ⟷ 苦澀味

九州・沖繩

大分 耶馬溪茶

大自然中孕育的安全、安心的茶

位於大分縣西北部，面臨奇岩怪石的知名風景勝地中津市耶馬溪町，在劃開山地的深谷中是廣闊的大片茶園。這樣的環境一般車輛無法進入，所以未受到排放氣體的影響，在清澈的空氣下長出新芽。因日夜溫差與朝霧，得以培育出口感滑順氣味芬芳的好茶。新茶的採收從5月上旬開始。

被茶

耶馬溪茶

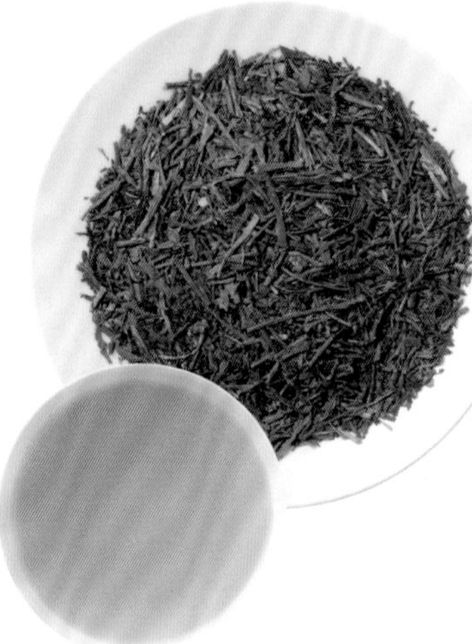

在海拔400m、除了農務工作的車子外無其他車輛進入的綠環境中精心栽培的茶。覆蓋寒冷紗、溫和生長的茶，帶有溫潤的甜味。

70℃
1分鐘

製造　耶馬溪製茶
品種　藪北
價格　80g　1,000日圓
諮詢電話
+81-979-27-4881
URL　http://www.yabakeitya.com/

茶湯色 綠　色 ― 黃　色
茶香氣 焙火香 ― 青草香
茶風味 甘甜味 ― 苦澀味

大分 因尾茶

繼承釜炒茶傳統的茶葉產地

在大分縣南部佐伯市本匠因尾地區生產。以知名的螢火蟲棲息地，清流番匠川為中心，在海拔高度300m的山間地是一大片遼闊的茶園。這個地區在江戶時代中期傳下釜炒茶的製法，現在也是生產的中心。特色是用鐵製的平釜（鍋具）將茶青炒熱到300℃。新茶的採收從5月上旬開始。

釜炒茶

因尾茶 上撰

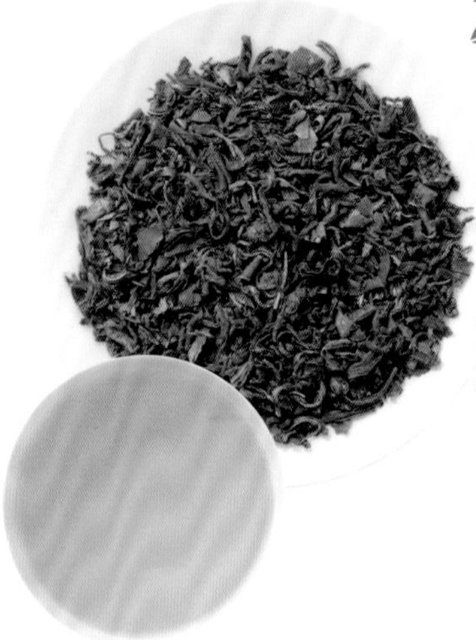

利用鐵釜拌炒的茶，茶湯色為帶透明感的清澈黃色，溫和的煎炒香氣是其特色。入喉口感清爽，適合作為日常飲用的茶。

80℃
1分鐘

製造　KIRARI
品種　藪北等
價格　100g　800日圓
諮詢電話
+81-972-56-5262
URL　無

茶湯色 綠　色 ― 黃　色
茶香氣 焙火香 ― 青草香
茶風味 甘甜味 ― 苦澀味

宮崎 都城茶

從宇治傳來煎茶製法的產地

在宮崎縣西南部面臨霧島連山的都城盆地生產。儘管這個地區自古以來便有茶樹自然生長，正式栽培卻是從江戶時代才開始。據說是因氣候與地形的特徵與京都宇治相似，當時島津藩的一位藩醫在宇治學習煎茶製法，而開始製茶的契機。1757年也曾進獻給桃園天皇。

宮崎 高千穗釜炒茶

直接用火炒的傳統釜炒茶

位於宮崎縣最北邊九州山地中央的西臼杵郡高千穗町，生產宮崎縣大約7成的釜炒茶。活用古老的釜炒技術，以直火式的平釜小火慢炒，獨特的釜香是爲特色。由於海拔高，在清冽的空氣與朝霧的籠罩下長出優質好茶。

煎茶

香之煎茶 YOKANISE

以都城方言表示「好男子」之意的發音命名，是表現出男性爽朗的茶。為普通蒸製煎茶，清新的香氣和清爽的甜味非常受到歡迎。

70℃
30秒

製造　茶的坂本
品種　藪北、奧綠
價格　100g　1,000日圓
諮詢電話
+81-986-52-0304
URL　http://www.ochasaka.com/

茶湯色 綠　色 (• ◆ • • •) 黃　色
茶香氣 焙火香 (• • • ◆ •) 青草香
茶風味 甘甜味 (• ◆ • • •) 苦澀味

釜炒茶

高千穗 釜炒茶

能品嚐到高溫釜炒時附著的釜香略帶乳香味的清爽香氣。暢快口感，容易飲用，深獲女性喜愛。

90℃
30～60秒

製造　一期一會公司
品種　藪北
價格　100g　1,400日圓
（特別紙包裝）
諮詢電話
+81-92-982-0826
URL　http://www.151e.biz/

茶湯色 綠　色 (• • • • ◆) 黃　色
茶香氣 焙火香 (• ◆ • • •) 青草香
茶風味 甘甜味 (• • ◆ • •) 苦澀味

九州·沖繩

宮崎

五瀨釜炒茶

山茶自然生長 自古即是茶產地

位於宮崎縣西北部、熊本縣縣境處的西臼杵郡五瀨町，在海拔500～800m高的山間地區有廣闊的一大片茶園。

此地區自古即有山茶自然生長，且繼承釜炒茶的傳統至今。由於氣候寒涼，害蟲較少，也對茶樹栽培有利，與鄰近的高千穗町一同以釜炒茶生產地聞名。

五瀨町的採茶風景。

釜炒茶

特上深山之露

70℃
1分～90秒

製造　坂本園
品種　藪北
價格　100g　1,000日圓
諮詢電話
+81-982-82-1073
URL　http://teafarm-sakamoto.com/

茶湯色	綠　色	● ● ● ◆ ●	黃　色
茶香氣	焙火香	● ● ◆ ● ●	青草香
茶風味	甘甜味	● ● ◆ ● ●	苦澀味

以茶湯色呈閃亮黃金色為特徵的特上釜炒茶。由於茶樹生長在山間地，因而香氣濃郁，即使以水浸式沖泡，也會有迷人香氣散出。淡淡澀味與餘韻的甜味極有魅力。

九州・沖繩

鹿兒島

鹿兒島茶

栽培多樣品種 可長時間採收

在九州本土最南端的鹿兒島縣生產的是鹿兒島茶。此爲鹿兒島縣生產之茶的總稱。

鹿兒島縣當地的茶樹栽培據說起源於800年前，但作爲產業正式產茶，則是在明治時代。當時爲了要輸出到海外，開始一個個地開墾新的茶園。

大規模茶園廣布的風景，是鹿兒島縣獨有的壯闊景色。現在，更以全日本第二高的生產量自豪。

鹿兒島茶生產地的範圍遼闊，由北邊遍及南邊，且幾乎都是日照時間長的平坦地區。因此新茶的採收從3月下旬到4月上旬間開始。

栽培早生品種至晚生品種等多樣化的品種，因此有採收時間較長的特色。而且並非只採收第一、第二批茶，甚至還會採收到第三、第四批茶或秋冬的番茶等。

煎茶

奧霧島茶

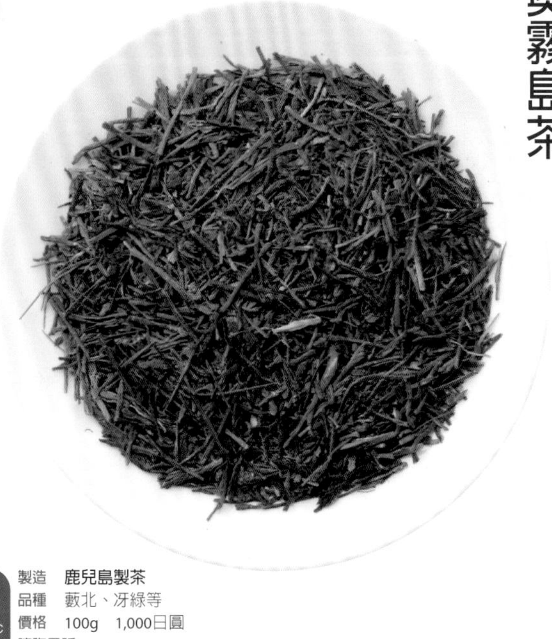

樹齡100年的霧島的大茶樹。是市內的天然紀念物。

70℃
1分

製造 鹿兒島製茶
品種 藪北、冴綠等
價格 100g 1,000日圓
諮詢電話
+81-120-353-204
（茶之美老園）
URL http://birouen.com/

茶湯色	綠 色	◆●●●●	黃 色
茶香氣	焙火香	●●●◆●	青草香
茶風味	甘甜味	●◆●●●	苦澀味

由創業超過100年的老店製作，上等高雅的煎茶。嚴選香氣濃郁的霧島山麓的茶，製造出講究香味的茶葉。澀味和甜味的調和勻稱，擁有獨特的濃醇感。

九州・沖繩

遠眺開聞岳的廣闊茶園。

鮮嫩新芽的採收從3月下旬展開。

深蒸煎茶

雪深獻

混合鹿兒島居民最熟悉的3種品種所製成的深蒸煎茶。提取出各品種優點的鮮豔茶湯色，還有深刻滋味及餘韻長久持續的甜味等，皆令人印象深刻。

80°C

1分鐘

製造　特香園

品種　豐綠、冴綠、朝露

價格　100g　1,000日圓

諮詢電話

+81-120-012679

URL　http://www.tokkoen.co.jp/

茶湯色 綠　色 ◆ • • • • 黃　色

茶香氣 焙火香 • • ◆ • • 青草香

茶風味 甘甜味 • ◆ • • • 苦澀味

深蒸煎茶

豐綠千兩

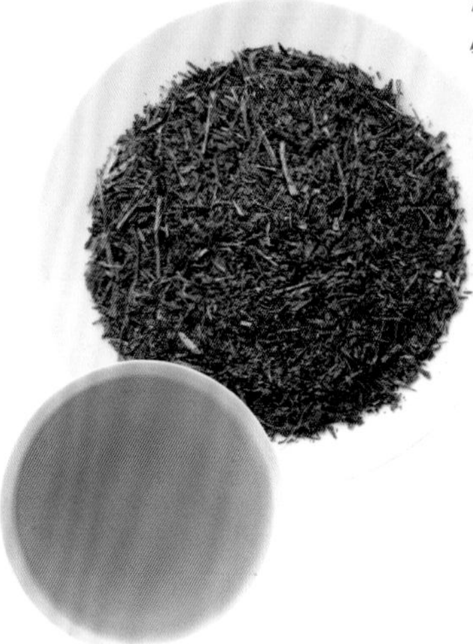

以代表鹿兒島茶的品種豐綠製成的深蒸煎茶。特色是香氣強烈，極推薦喜愛香氣之人品嚐。有柔軟溫暖的濃郁滋味。

70～80°C

1分鐘

製造　下堂園

品種　豐綠

價格　100g　1,000日圓

諮詢電話

+81-120-25-2337

URL　http://www.shimo.co.jp/

茶湯色 綠　色 • • ◆ • • 黃　色

茶香氣 焙火香 ◆ • • • • 青草香

茶風味 甘甜味 • ◆ • • • 苦澀味

鹿兒島

知覽 茶

日本全國深受好評的鹿兒島名茶產地

位於薩摩半島南方、南九州市的知覽町，是鹿兒島縣內極知名的茶葉栽培地。此區十分盛行生產煎茶、深蒸煎茶。

從知覽町中部往南部擴展，廣闊的溫暖平坦地上，也有很多效率性生產的大型茶園。新茶的採收較早也是當地的特色，4月上旬即開始採收稱爲新茶的茶葉。

另一方面，北部的山間地區活用晝夜的冷熱溫差，製造稀少的高級茶。

小高山斜坡面上緊緊相連的美麗茶園。

煎茶

知覽茶黑罐

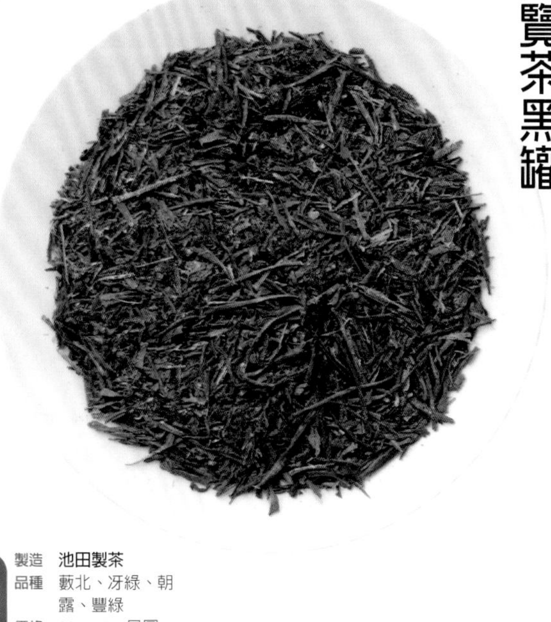

80°C
1分鐘

製造 池田製茶
品種 藪北、冴綠、朝露、豐綠
價格 80g 700日圓
諮詢電話
+81-99-267-8980
URL http://www.seicha.com/

茶湯色 綠色 — 黃色
茶香氣 焙火香 — 青草香
茶風味 甘甜味 — 苦澀味

由茶審查技術十段的茶批發商混合知覽產的4項品種所製成的煎茶。具有甜味、甘味、澀味、香味皆調和勻稱的溫潤風味。

九州·沖繩

鹿兒島 穎娃茶

豐富環境孕育出氣味芳香的煎茶

位於薩摩半島南部山腳下的南九州市穎娃町，在鹿兒島縣是與知覽茶並列的上等茶產地。海拔高度100～400m的丘陵地上茶園遍布，在溫暖且具有晝夜溫差的氣候下，嚴謹地製茶。主要生產煎茶。也有栽培這個地區獨有的早生品種。從4月上旬開始採茶。

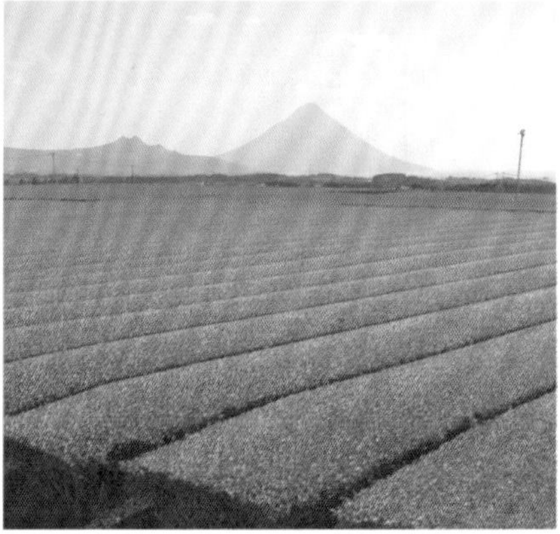

開聞岳山麓遼闊的茶園，是知覽町特有的美景。

深蒸煎茶

開聞綠

聳立在薩摩半島南端的開聞岳山麓斜坡面上的茶園。

混合茶湯色鮮豔的品種冴綠和藪北。溫潤的甜味舒暢宜人。

80℃
30秒

製造　小磯製茶
品種　冴綠、藪北
價格　100g　1,500日圓
諮詢電話
+81-99-258-8832
URL　無

茶湯色　綠　色（◆・・・・）黃　色
茶香氣　焙火香（・・◆・・）青草香
茶風味　甘甜味（◆・・・・）苦澀味

煎茶

知覽產 朝露

以令人以為是甜栗或毛豆般的風味與讓人眼睛為之一亮的鮮豔茶湯色為特徵的品種朝露。是被譽為天然玉露的稀少品種，請務必一嚐。

70℃
1分鐘

製造　鹿兒島製茶
品種　朝露
價格　100g　1,300日圓
諮詢電話
+81-120-353-204
（茶之美老園）
URL　http://birouen.com/

茶湯色　綠　色（◆・・・・）黃　色
茶香氣　焙火香（・・・◆・）青草香
茶風味　甘甜味（・◆・・・）苦澀味

沖繩 山原茶

少量生產的夢幻茶葉

國頭村奧地區是位於沖繩本島最北邊的小村落。此處在3月上旬可採收第一批茶，是以日本最早採收的新茶知名。

從1929年開始正式栽培，主要生產煎茶。儘管生產量少，卻栽培了豐富的品種。

3月，預備採摘新茶前的茶園。

煎茶

奧綠 印雜

80℃

1分鐘

製造　奧茶業組合
品種　印雜
價格　100g　575日圓
諮詢電話
+81-980-41-8101
URL　無

茶湯色 綠　色	●●◆●●	黃　色
茶香氣 焙火香	◆●●●●	青草香
茶風味 甘甜味	●●●●◆	苦澀味

印雜（INZATSU），是印度產的阿薩姆品種，生產量在日本國內非常非常少。如花朵般華麗的風味從口中擴散到鼻腔，是鮮少的高價值茶。

茶葉專家的嚴選作品！

茶名人推薦的好茶

從眾多種類中嚴選茶葉提供，在茶業界高人一等的諸位名人。在此向他們請教對於茶的堅持與最推薦的上等好茶。

名人❶

茶商 高宇政光（思月園）

日本各地保留的在來種也應得到矚目

將自己的店形容為「茶葉複合店」的高宇先生，是東京這一大消費地的茶商，曾經造訪過為數不少的生產地。其中也有驚嘆「這種地方也能種茶！」的小型產地，於是他便想透過店面，向消費者傳達茶葉無窮的多樣性。尤其他最重視的，就是各地保留的在來種。「目前日本栽種的茶樹，約8成是高生產性的藪北這個品種。正因如此，也必須要有意識去保護紮根於本地風土的在來種」高宇先生說。

在來種難以維持一定品質，對生產者來說缺點並不少。「但是仍有努力種出好茶的生產者。我希望透過茶商這份工作，稍微為他們盡一份心力。」

這次高宇先生為我們挑選的「小南（KOMINAMI）」也是這種茶的其中一種。此外，也備齊了足以學習茶葉多樣性的品牌。

「我不會直接對客人說，這種茶好喝。我希望客人從眾多選項中找到自己喜愛的茶，這樣更令我覺得高興。」

◆ Masamitsu Takau

茶商。日本茶專業指導員。投入心力推廣享受日本茶的沏茶方法，並在日本國內與海外的茶葉講座上擔任講師。

思月園

地址　東京都北區赤羽1-33-6

諮詢電話

+81-3-3901-3566

URL　http://homepage2.nifty.com/teashop-shigetuen/

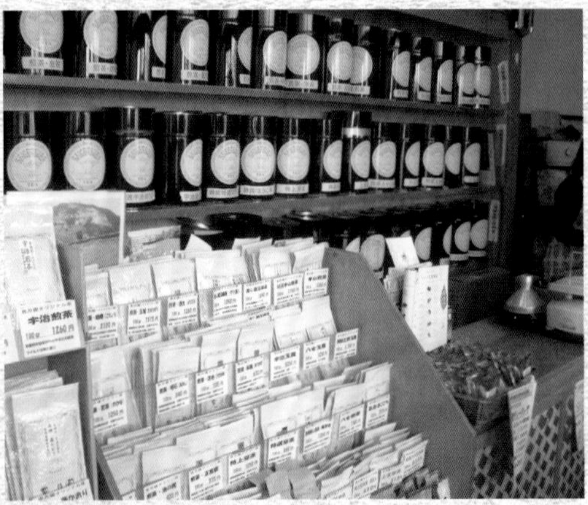

平時陳列超過100種商品的高宇先生的店。

難得一見的稀少品種

煎茶

小南

80℃

30秒

靜岡縣生產者僅在2處生產的稀少品種，口感溫潤不帶澀味。因容易受到霜害，偶爾也有該年無法採收的情形。

品種　小南（未登錄）
價格　100g　2,000日圓

茶湯色	綠　色	黃　色
茶香氣	焙火香	青草香
茶風味	甘甜味	苦澀味

能品嚐到整片茶葉的完整韻味

煎茶

天然 粗製茶

80℃

30秒

同時使用葉和莖的獨特風味。以適合各部位的方法進行乾燥，使茶葉帶有焦香與精美的茶湯色。使用靜岡產的茶葉。

品種　藪北
價格　200g　1,500日圓

茶湯色	綠　色	黃　色
茶香氣	焙火香	青草香
茶風味	甘甜味	苦澀味

以獨自製法完成焦焙香更勝的逸品

焙茶

莖焙茶

100℃

1分鐘

茶商自行混合利用遠紅外線炒軟的莖茶以及用直火徹底拌炒的芽茶。為香味與口感的調和精心調配。

品種　藪北
價格　100g　800日圓

茶湯色	綠　色	黃　色
茶香氣	焙火香	青草香
茶風味	甘甜味	苦澀味

輕鬆體驗各地的推薦好茶

袋茶4個套裝

80℃

1分鐘

靜岡、宇治、鹿兒島的煎茶和粗製茶的袋茶，使用的茶葉品種，陣容豐富多樣。即使沒有急須壺也能品嚐，享受比較風味的樂趣。

價格　3g×4個　430日圓

名人❷

茶師 前田文男

（前田幸太郎商店）

活用產地的原有茶風味 終極的混合好茶

「『加工便是好茶』，這需要經驗的累積。」

能看透茶葉品質的名人，在茶業界無人不知的前田先生，如此談論採購的難處。例如昂貴的茶葉，在稱爲粗製茶的原料階段形狀完整，任何人一看便知是好茶。然而，在並非如此的茶葉之中，有時也有出色的茶葉。前田先生所尋找的便是這種茶。

現在，用於混合的茶葉主要在3個產地。靜岡縣的新茶採收時間最早，呈現漂亮茶湯色的初倉町的茶、口感分明的宮崎縣的茶、再加上味道濃厚的高知縣的茶，便成了味道溫和卻又濃烈的茶。

「總之我認眞地分辨茶葉。淬鍊出茶的優點，加工成好茶就是我的工作。」前田先生說。

即使產地相同，依據收成時期與旱地，茶葉的狀態也會改變，因此須從數量龐大的粗製茶中分辨香味。並且，經由加溫這一道最後加工的工法，將茶葉原有的味道發揮到極限，混合時須突顯各個茶葉的特性。「加溫時1℃的差異便會影響茶香氣與味道，因此我格外謹愼，如此堅持下，茶也變得很細膩。」

這種具有深度的滋味，眞令人想品嚐看看。

◆Fumio Maeda

曾任一般上班族，之後在祖父輩即經營至今的製茶批發商店學習育茶，累積經驗。1997年在全國茶審查技術競技大賽獲得史上首位十段合格認證。

前田幸太郎商店

地址　靜岡縣靜岡市葵區北番町15

諮詢電話

+81-54-271-1950

URL　http://www.geocities.jp/yamahachi_cha/

新茶採收時期，放在左側寫有屋號的木箱裝滿了茶葉。

凝縮當季口感的豐富一級品

煎茶

茶師之極 雅之輝

60～70℃
1分鐘

只使用稀少新茶的高級茶。新芽的爽朗香氣和高雅的風味擴散至餘韻。是靜岡極知名的上等茶，也混合本山茶。

品種　藪北
價格　100g　1,500日圓

茶湯色 綠　色（• • ◆ • •）黃　色
茶香氣 焙火香（• • • ◆ •）青草香
茶風味 甘甜味（• ◆ • • •）苦澀味

絕妙的香味、甜味、苦味、澀味的調和

煎茶

一葉入魂 綠之雫

70℃
1分鐘

茶香濃醇，令人放鬆的溫和風味。舒暢的甜味，也適合在餐後飲用。享受不輸高級茶的豐滿香氣。

品種　藪北
價格　100g　1,000日圓

茶湯色 綠　色（• ◆ • • •）黃　色
茶香氣 焙火香（• • • ◆ •）青草香
茶風味 甘甜味（• ◆ • • •）苦澀味

沏第二次仍美味不減的含抹茶袋茶

專家特製　盛款賓客（OMOTENASHI）

70
90℃
1分鐘

將西尾產的抹茶撒在口感深刻的綠茶內，增加濃郁感和茶湯色。建議您在沏第一道茶時快速沖泡以品嚐抹茶風味，回沖第2次時再細細品嚐煎茶甜味。

品種　藪北
價格　22個　600日圓

茶湯色 綠　色（◆ • • • •）黃　色
茶香氣 焙火香（• • • ◆ •）青草香
茶風味 甘甜味（• ◆ • • •）苦澀味

名人③

茶師 山口真也（星野製茶園）

以最高技術完成鮮度高的茶

在高級玉露的產地，福岡縣星野村從事茶葉買賣的山口先生說：「愛喝茶的人，大多持續飲用喜愛的茶，因此茶葉的品質管理是最重要的一環。而品質管理正與『信賴』息息相關。」

根據品名的差別，每年茶葉的最後加工會超過10次，只要有1次茶香氣或味道大幅改變，便背叛了客人的信賴。因此必定嚴選原料，並且看重鮮度進行最後加工。

「在料理方面，日本人也極愛品嚐生魚片等生食。這或許是高度重視鮮度的表現。」

在星野製茶園自己的公司裡設有負30℃的冷凍庫，經常使用鮮度高的原料。這活用在最重要的最後加工工法中。依照季節巧妙地改變「加熱烘焙（火候）」的程度，讓茶更順口。這也是製茶專家的技術。

八女茶獨有的豐潤口感

煎茶 星野五月

70℃ 1分鐘

星野製茶園的招牌煎茶。在嚴選的粗製茶中執行獨自方式的加熱烘焙工法，充分發揮茶的香味、甜味、澀味。每天飲用也喝不膩。

品種　藪北、冴綠等

價格　100g　1,000日圓

茶湯色 綠　色 ↔ 黃　色

茶香氣 焙火香 ↔ 青草香

茶風味 甘甜味 ↔ 苦澀味

◆Shinya Yamaguchi

星野製茶園的茶師，與地區生產者聯手，為提升八女茶品質注入心力。日本茶專業指導員。2011年獲得茶審查技術十段的合格認證。

重視香味的專家們喜愛的茶

煎茶 八女特煎S印

70℃ 1分鐘

大膽嚴選露地栽培的剛勁茶葉。能同時感覺到甜味與穿透般的清新香氣。

品種　藪北、奧豐（因年而異）

價格　100g　1,000日圓

茶湯色 綠　色 ↔ 黃　色

茶香氣 焙火香 ↔ 青草香

茶風味 甘甜味 ↔ 苦澀味

星野製茶園

地址　福岡縣八女市星野村8136-1

詢問電話　+81-943-52-3151（僅詢問高級瓶裝茶時+81-466-29-9591）

URL　https://www.hoshitea.com/

宛如享用紅酒般極致的玉露

玉露 King of Green HIRO premium 木盒裝 **HIRO高級瓶裝茶**

無 無

歷經3天只用水萃取手工採摘的高級玉露，以不加熱的過濾方式殺菌製成的高級茶品。超越茶品概念，滋味豐富的味道。

品種　冴綠

價格　750ml　26,000日圓

茶湯色 綠　色 ↔ 黃　色

茶香氣 焙火香 ↔ 青草香

茶風味 甘甜味 ↔ 苦澀味

名人❹

茶師 比留間嘉章（茶工房比留間園）

發揮茶香氣豐富的狹山茶原有的滋味

在埼玉縣入間市從茶葉栽培到製造、販售一手包辦的比留間先生，是行家才知道的手揉茶高手。

「機器製作的好茶也不少，但既然是以手揉製法爲範本，便不可能勝過手揉茶」他如此堅持。製作1品茶得耗上2天的極致手揉茶，是比留間先生施展渾身解數的珍品。

還有一樣，比留間先生多年來致力研究的新類型——微發酵茶。「埼玉的培育品種特色在於香味。給予茶葉日照等壓力，加上凋萎這道工法來更加提升。」所謂凋萎，是製作半發酵茶時所用的工法。

這次所介紹的「清花香」與「袋茶」，展現出狹山茶的特性。

茶葉師傅施展技法產出的極上手揉茶

煎茶 **日本最貴的茶**

50℃ 2分30秒

在全國手揉茶品評會上獲得第1名，全年僅販售300g的茶。擁有從透明似水的茶湯色難以想像的芳醇甜味與嫩芽香氣。

品種　藪北
價格　3g　5,000日圓

茶湯色 綠　色 ● ● ● ● ◆ 黃　色
茶香氣 焙火香 ● ● ● ● ◆ 青草香
茶風味 甘甜味 ◆ ● ● ● ● 苦澀味

埼玉生產的「品香」茶

微發酵茶 **清花香**

80℃ 20秒

利用比留間先生親自開發的紫外線照射芳香裝置，取得在一般煎茶工程中難以誘發出的花卉、熟果實般的香氣。

品種　狹山香
價格　60g　1,000日圓

茶湯色 綠　色 ● ● ◆ ● ● 黃　色
茶香氣 焙火香 ● ● ◆ ● ● 青草香
茶風味 甘甜味 ● ● ◆ ● ● 苦澀味

只放進茶碗就能美味順口

讓袋茶好喝所構思出來的袋茶

最高100℃ 30秒以上

使用不易釋出澀味的茶，因此即使忘了把茶包拿離茶碗，順口的感覺依然不變。從水浸式到熱水沖泡皆可。

品種　夢若葉、北冥、福綠
價格　3g×15個　600日圓

茶湯色 綠　色 ● ● ◆ ● ● 黃　色
茶香氣 焙火香 ● ◆ ● ● ● 青草香
茶風味 甘甜味 ● ● ◆ ● ● 苦澀味

◆Yoshiaki Hiruma

發揮研究心與挑戰精神產出具魅力的狹山茶。日本茶專業指導員。2013年在全國手揉茶品評會榮獲1等1席農林水產大臣獎。

茶工房比留間園

利用獨自開發的系統，讓茶葉照射紫外線。

地址　埼玉縣入間市上谷貫616
諮詢電話
+81-4-2936-0491
URL　http://gokuchanin.com/

名人⑤

茶匠 山科康也（山科茶舖）

嚴選來自綠茶王國‧九州 極品美味的好茶

九州是現今日本最大的茶葉生產地區，在這裡有一位對此地茶種瞭若指掌的知名茶匠山科先生。「同是茶葉，紅茶的品嚐重點在於香味，日本茶則是能品嚐韻味與茶香的茶。九州的茶，尤其傾向於如此」他娓娓道來茶的魅力。

九州栽培的茶樹品種豐富，如何看清、活用各種茶葉的特性，正是山科先生展現本領之處。新茶時期他在各地東奔西走，嚴選品質優良的茶葉。由共事者決定混合的方式。尤其若有優良品種，也會當成「秘密武器」。由於他堅持的態度，才會有人請他挑選能嚐到九州綠茶味道差異的茶。

「並非茶葉單一的味道。而是希望透過九州的茶，讓大家嚐到各種微妙的差異。」

◆Yasunari Yamashina

巡迴九州各地嚴選茶葉。在擔任代表人的山科茶舖從事修整、製茶、調配等製程工法。日本茶鑑定士。日本茶專業指導員。

山科茶舖

地址　福岡縣朝倉市甘木1635

詢問電話　+81-946-22-2647

URL　https://www.e-ochaya.net/

熟成茶獨有的深度品味

煎茶等

藏出TORORI　八女玉露特調

70℃　1分鐘

混合熟成的八女產高級玉露與芳醇的九州煎茶。高雅香氣和深層韻味充滿魅力。

品種　冴綠、朝露、豐綠、藪北

價格　100g　1,200日圓

茶湯色 綠色 ◆●●●●● 黃色

茶香氣 焙火香 ●●●●◆● 青草香

茶風味 甘甜味 ◆●●●●● 苦澀味

將重點擺在「甘甜味」的深蒸煎茶

煎茶

山科TORORI 山科原創特調

70℃　1分鐘

山科茶舖的超人氣商品。在鹿兒島數種濃厚茶種類中，混入溫潤的八女茶。是甘甜味與韻味會在口中擴散的好茶。

品種　冴綠、朝露、豐綠、奧綠

價格　100g　1,000日圓

茶湯色 綠色 ◆●●●●● 黃色

茶香氣 焙火香 ●●●◆●● 青草香

茶風味 甘甜味 ◆●●●●● 苦澀味

絕妙地組合各產地的特性

煎茶、釜炒茶

九州 Seven Tea

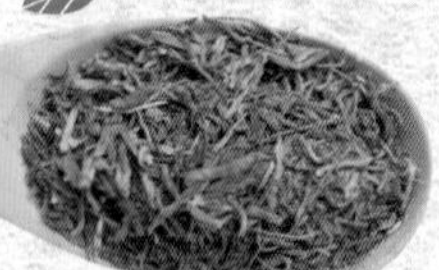

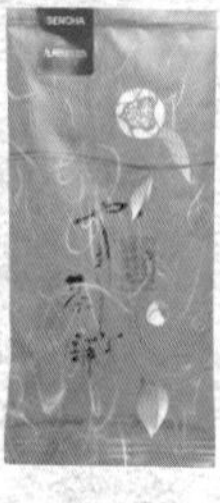

80℃　1分鐘

韻味深長的深蒸煎茶以及香氣濃郁的山茶等，組合九州地區7縣的個性綠茶，做成美味的原創特調茶飲。

品種　冴綠、豐綠、奧綠

價格　100g　1,000日圓

茶湯色 綠色 ●◆●●●● 黃色

茶香氣 焙火香 ●◆●●●● 青草香

茶風味 甘甜味 ●◆●●●● 苦澀味

日本茶知識圖鑑
Knowledge of Japanese tea

Part.3

實際沏杯茶吧！

日本茶的品飲方法

不管買了多高級的茶
要是沒有好好沏茶，便毫無意義。
本章將介紹沏出
美味日本茶的秘訣！

日本茶的挑選方法

茶要泡得好喝，首先必須選購好茶。先掌握住順利挑選的重點吧！

盡可能確認茶的外觀與味道

包含日本茶專賣店，在各種地方都能買到茶。話雖如此，想從種類繁多的茶葉之中挑選自己所喜歡的茶，卻意外地困難重重。建議初學者可以從日本茶專業指導員等茶知識豐富的員工身上得到建議的店家購買。首先，不妨前往日本茶專賣店或日本茶飲茶店。確認無法僅從包裝上判斷的茶葉形狀與色澤，或是試喝，找到符合自己喜好的味道吧！

在日本茶專賣店購買

專門販售茶葉的日本茶專賣店，除了有包裝茶以外，大多也有秤重販賣。在這樣的店，可以經常採購能夠喝得完的份量，或少量嚐試不同種類的茶，是這類型專賣店的魅力所在。如果向專業人員諮詢還能當場試喝，獲得各方面的知識。

專賣店會以各種方式注重品質管理。例如商品陳列架別讓陽光直射，店內溫度、濕度周全的管理，是維持茶葉品質的重點。這些也請作為挑選店家的參考。

此外，商品流通快速、相同價格帶的種類繁多，也是值得推薦的店家。

經由網路、郵購購買

逐漸瞭解自己的喜好之後，在網路上訂購也是一個方法。因為無法看到實物，茶葉的說明、店家的講究之處與保存方式等是否明確記載，得謹慎確認。盡可能在日本茶專賣店營運的地方購買會比較放心。

在超市購買

像日本茶專賣店一樣可以試喝，儘管挑選茶葉時沒有能夠諮詢的店員，但在超市的茶葉專區，種類在某種程度上算是齊全。確認包裝上的資訊，尋找自己想喝的茶吧！

在日本茶飲茶店購買

在日本茶飲茶店能品嚐到老闆堅持嚴選的各種日本茶。菜單上的茶大多也有販售，將喜愛的茶當成伴手禮買回去也是一種樂趣。這時，向店員請教一下沏茶沏得好喝的方法吧！

判讀包裝上的資訊

閱讀袋裝販售的茶葉包裝上記載的資訊吧。
除了食品標示以外，還會載明此茶適合的沏茶方法、
開封後的保管方法、諮詢電話等各種相關資訊，好好使用吧！

食品標示

以下包裝上的食品標示，是在遵循日本JAS法等嚴格標準的基礎下記載的內容，非常值得參考。

名稱	煎茶
原材料名稱（原料原產地名）	綠茶（靜岡縣產）
內容量	100g
有效期限	○年○月○日
保存方法	注意勿保存在高溫潮濕的地方，以免香氣轉移。
製造者	○○製茶株式會社 靜岡縣靜岡市××123-45

有效期限

在未開封的狀態下，依包裝材料的性質等條件，由製造商設定能沏出美味好茶的飲用期限標準。會載明年月日或欄外標記場所。

保存方法

記載開封前適合茶葉的保存方法。

製造者

根據食品衛生法，此為務必標示之項目。當販賣者即為最終負責人時，可能也會記載在此。以符號標記時，則是另外向日本消費者廳長官申請之「製造者固定符號」。

內容量

袋茶等個別包裝時，標示「○g×○袋裝」等。

茶的種類

如煎茶、深蒸煎茶、玉露、焙茶等。

原材料和產地

標示「茶」或「綠茶」。更正式的寫法會以「國產」或「外國產（國名等）」的區別標示。國產的茶還會標示都府縣名或一般知名的地名。這時，標示之產地的原料使用比例必須是100%。如果標示為「○○茶混合」，則代表此名稱的茶使用超過50%但未達100%。茶葉內另含食品添加物時，則須明確記載添加物的名稱（氨基酸等）。

優質好茶的判斷方法

只要實際觀察茶葉，大多能從其外觀判斷茶葉品質。
以下是充分認識各茶葉種類的重點。

玉露

要挑選顏色呈深綠色且帶有細緻光澤與濕潤感、外型完整、大小一致、具有重量感的商品。

煎茶

外型呈細細彎彎的針狀。形狀不完整的葉或莖很少，顏色以帶有光澤的深綠色最理想。挑選具有重量感的商品。

抹茶

茶臼研磨得特別纖細且肌理細緻，屬於高品質商品。鮮豔綠色的最理想。

深蒸煎茶

顏色較深，略帶有黃色。挑選具有重量感的，避開粉屑多的商品。

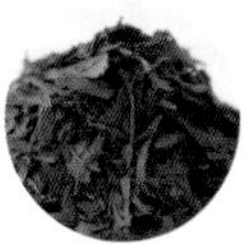

焙茶

經過煎焙工法，故外觀呈茶褐色。挑選不至於呈極端黑色等煎焙過度的商品。粉屑部分較少的商品為佳。

莖茶

煎茶的莖茶或玉露的莖茶等，依原料不同，品質也參差不齊，莖外型呈平整狀的質地較軟，多為高品質的商品。

日本茶的沏茶方法

初步準備

茶器的基礎知識

沏一杯美味的日本茶，需要準備怎樣的茶器呢？為了能在日常生活中輕鬆享用日本茶，以下將介紹剛開始時需要事先備妥的基本茶具。

只有這兩樣是必備器具

一開始即需要準備的是「急須壺」和「茶碗」。尤其急須壺是沏日本茶時的必備茶器。坊間售有各種尺寸和種類的急須壺，配合經常飲用的茶種類，挑選一個適合自己的急須壺吧！

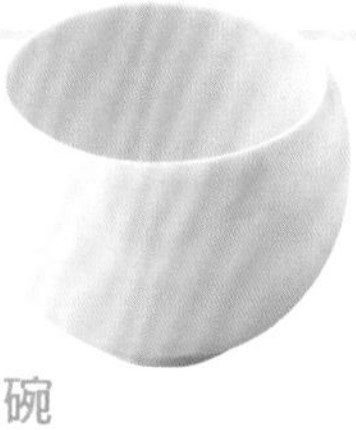

茶碗

依茶種類不同，適合的大小、外型樣式、材質等亦有差異。接觸口唇的觸感也會影響茶風味，仔細挑選出喜愛的茶碗吧。

急須壺

尺寸、材質、內側網的形狀等，有各式各樣的款式。根據所沏的茶區分使用最理想。

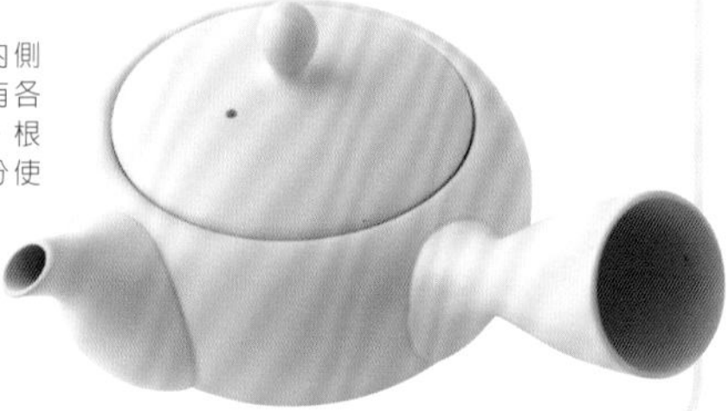

沏茶時有助益的小器具

雖然也可以使用其他物品代替，然而準備了這些方便好用的小工具，能讓沏茶過程更加有趣。除了功能需求以外，也很講究外型設計，尋找自己喜愛的小工具，沏一壺好茶吧。

茶海（茶盅）

讓滾燙熱水放涼時使用的器具。有注入口的款式比較好用，也可以用大馬克杯等容器代替。

計時器

在急須壺中注入茶葉和熱水後，為避免忘記時間，可利用計時器設定浸泡時間，既方便又安心。

茶筒

用來保存已開封的茶葉。選用不透光、有密閉上蓋的商品較佳。

茶匙

測量茶葉放入急須壺時使用的小道具。先測量出目前持有的茶匙1匙是裝幾g的茶葉吧。

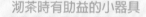

各茶種的基本茶器

以下將依各茶種介紹常見的基本茶器。
詳細的挑選方法請參考146～151頁。

焙茶

經常需要用滾燙的大量熱水沖泡，因此推薦使用壁厚且容量大的土瓶。這種急須壺會另外裝上提把，因此即使裡面裝著滿滿的熱水，依然能輕鬆提起。

煎茶

推薦使用急須壺250ml、茶碗100ml等容量的茶器。茶碗以能反映出茶湯色的白色瓷器較佳。

抹茶

茶道中，抹茶點茶前會使用各種器具，然而在自家享受抹茶時，只要備妥茶筅和抹茶茶碗即可。茶碗也可以使用底部為圓形的器具代替。

玉露

以小份量細細品味濃厚甘甜的玉露，無論是急須壺與茶碗，都是使用偏小型的。急須壺容量90ml、茶碗40ml程度的茶器比較方便使用。

各個茶種類，都各自有好用的急須壺和茶碗

沏日本茶時，根據茶種類的不同，有各種好操作的茶器。要全部備齊非常困難，首先，先從自己喜愛的茶所適合的茶器開始準備吧。

例如，品嚐煎茶就必須準備煎茶使用的急須壺；享用焙茶或番茶則須要準備能裝入滿滿熱水的土瓶；以小份量細細品味玉露或上等煎茶時，則是準備小型的急須壺。

如果急須壺容量太大，會使熱水的溫度下降，最好選用符合熱水份量的尺寸。

茶碗方面，根據顏色和形狀的不同，除了茶湯色的呈現方式或茶香氣的擴散方式會改變以外，還會依接觸口唇時的厚度和材質感差異，造成味道的感覺方式改變。盡量配合所沏的茶準備茶器。

此外還有種類繁多的各式茶器，但只要先準備這兩項，就能輕鬆享受日本茶的風味。詳細的挑選方法請參閱146～151頁。

日本茶的沏茶方法 初步準備

調整出適合沏茶的水溫

沏出好茶的重點之一是「水」。
為了帶出茶本身的韻味，必須先認識使用怎樣的水、怎樣的溫度才最適合沏茶。

水能左右茶的風味

水會直接影響茶的風味，因此必須充分注意沏茶時使用的水。一般來說，日本茶比較適合以硬度偏低的軟水沖泡。特別是硬度30～80程度，最能引出茶的原味和香氣。

水質硬度，是由水中的鎂含量和鈣含量決定。歐洲的水質富含這些成分，飲用時能感覺到類似礦物質成分的味道。相對於此，日本的水是軟水，不具備特殊味道。沏日本茶時，可以將日本的自來水直接煮沸使用，是非常輕便的方式。

熱水的溫度每移動一次降低5～10°C

雖然也和氣溫與材質有關，但大抵而言，熱水在茶器間的移動會呈規律性降溫，每移動一次約降溫5～10°C。可以利用這個特性調解熱水溫度。依茶的種類不同，有各自適合的溫度，不妨以此方式改變溫度至建議的標準值。

依茶的種類不同 適合的溫度也有差異

日本茶沏茶時的水溫會影響茶香味。以煎茶爲例，使用熱水沏茶時澀味較濃，以低溫慢慢注入則能感覺到甜味，但香氣方面卻是用高溫的熱水時比較容易釋出。

依茶的種類區分時，基本上是將品嚐甜味的玉露、被茶、上等煎茶，以低溫的熱水沏茶較適合，而下等煎茶、番茶、焙茶，則適合以熱水快速沖泡，帶出適當的澀味和香氣。

熱水溫度與茶釋出成分的關係圖
（以煎茶為例）

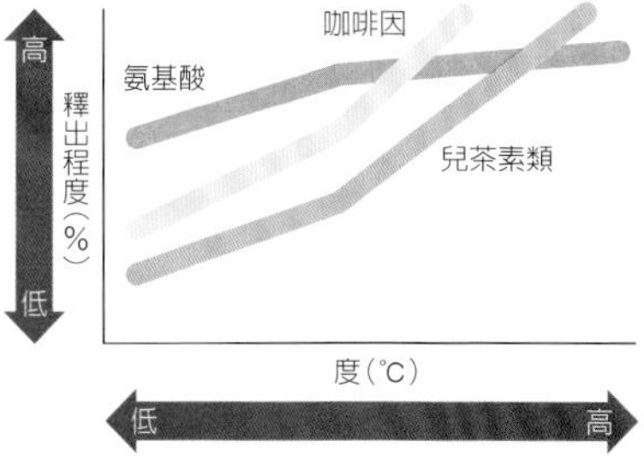

溫度越高，兒茶素釋放越多，使澀味增加

茶的甜味成分「氨基酸」約在50°C時釋出，而澀味成分「兒茶素」則是在80°C時大量釋放。因此，以低溫的熱水沏茶澀味較少，使用高溫的熱水則澀味較濃。

等待1～2分鐘即降溫5°C

水溫除了在茶器間移動時會改變以外，也能夠藉由等待調節水溫。這時，以等候1～2分鐘降溫約5°C為標準。

日本茶的沏茶方法 實踐

沏出美味好茶的秘訣

首先，熟記日本茶的沏茶基本知識！
再配合自己常用的茶器尺寸等，尋找最合適的沏茶方法吧。

POINT 1 務必煮沸熱水再降到適溫

128頁

日本的自來水因安全顧慮而添加了氯，所以有氯味的問題。沏茶時煮沸約3～5分鐘以揮發氯味這一點非常重要。將煮沸的熱水降低至適合沏茶的溫度後再使用吧。

將煮沸的熱水倒入茶海（茶盅）內，調節至適當溫度。

依茶的種類區分 標準的沏茶方法

	玉露	上等煎茶 100g要價1000日圓以上的商品	中等煎茶 100g要價1000日圓以下的商品	番茶 焙茶
人數	3人份	3人份	5人份	5人份
茶葉量	10g	6g	10g	15g
熱水量	60ml	170ml	430ml	650ml
溫度	50℃	70℃	90℃	熱水
浸泡時間	2分30秒	2分鐘	60秒	30秒

POINT 2 配合人數調整茶葉用量

1人份的標準約2～3g，配合人數計算茶葉用量即可。不過，只沏1人份的茶時，可以多放入5g的茶葉，如此一來，在回沖的第2泡時能依然美味。相反的，沖泡5人份以上的茶時，可將每人的份量稍微低於2g。

每次測量相當麻煩，可事先測量平日常用的茶匙或料理用的小茶匙1匙可裝入的茶葉量，會很方便喔！

原尺寸大 普通煎茶 2g

深蒸煎茶 2g

日本茶的外型因種類而異，即使相同重量，體積亦有不同。

POINT 3 分次輪流倒入 讓每杯茶的茶量均等

爲多個茶碗斟茶時，必須讓每個茶碗內的茶濃度和茶量皆均等。然而急須壺內倒出的茶，一開始較淡，接著會隨著時間變濃。這時，可先一點一點地倒茶至所有的茶碗內，再從最後一個茶碗作爲折返點，依相反的順序再一點一點地回倒回來。如此反覆至急須壺內的茶完全倒完爲止，所有茶碗內的茶色和味道便能一致。這個做法稱爲「平均分茶法」。

只沏1杯茶的時候，不要一口氣倒茶進茶碗中，而是分幾次傾倒急須壺倒入、恢復、再倒入等，以此方式斟茶較佳。

邊查看茶湯色與茶量，邊依1→2→3的順序少量地倒入，然後再依3→2→1的順序倒回來。重點在於在3這個折返點上必須連續倒入2次。如此一來份量也會均等。

秘訣是只沏1杯茶時
也要分次斟茶！

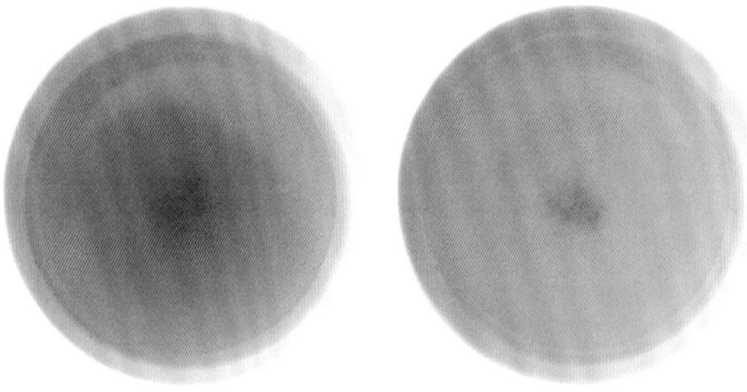

分成3次倒入的深蒸煎茶

1 次直接斟滿的深蒸煎茶

POINT 4 倒到一滴不剩

茶的最後一滴掌握著茶的美味，因此倒茶亦是品嚐茶韻味的秘訣。而且如果熱水留在急須壺內，將因茶的成分逐漸釋出而使苦澀味加重，使第2泡以後都不再好喝，須格外注意。

最後一滴茶也被稱作「Golden Drop」。

POINT 5 使用清潔的小工具

149頁

茶網上留有上次沏茶時的茶渣，或是急須壺內留有之前的茶味時，都可能會破壞難得沏好的茶風味。

每次使用後都徹底洗淨、充分乾燥，好好愛惜茶器。

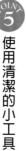

依茶種區分日本茶的沏茶方法 實踐

煎茶

最受歡迎的茶。能應用在各茶種上，作為基本沏茶方法好好練習吧！

此沏茶方法能應用在以下茶種類

- 深蒸煎茶
- 蒸製玉綠茶
- 被茶
- 莖茶

材料與食譜	應備工具
1人份的標準內容	・茶碗
熱水……… 70ml	・急須壺
煎茶………… 2g	・茶匙
第1泡：70℃	・茶海（茶盅）
第2泡：80℃	
第1泡：1～2分鐘	
第2泡：30秒	

1 讓熱水冷卻至適當溫度 128頁

將煮沸的熱水倒入茶海（茶盅），再按照人數份量分別注入到茶碗中。每移動一次熱水，溫度便會下降5～10℃，而且從大容器移到小容器能更快速地降溫。可以用手持續捧著茶碗的溫度標準約為70℃。

POINT
可以忍受的溫度
約70℃

依不同的茶葉種類 在溫度和時間上發揮巧思

日本茶當中最普及且受歡迎的是煎茶。然而，煎茶裡也有品質差異，或者是普通煎茶、深蒸煎茶等製造時蒸製時間不同的各類型。它們基本的沏茶方法相同，但若能因茶葉形狀或成分差異等調整沏茶方法，將能沖泡得更加美味。

甜味和甘味成分較多的上等煎茶，是以約70℃的熱水浸泡約1～2分鐘。中等的煎茶，則使用比沏上等煎茶略高的80℃的熱水浸泡約1分鐘。如此一來，能沏出帶有澀味的爽朗風味。

此外，深蒸煎茶的茶葉比普通煎茶細緻，因此浸泡時間只需要普通煎茶的一半，即可引出澀味少的溫潤味道。

莖茶則須考慮原料是來自煎茶的莖還是玉露的莖，依原料不同，在沏茶方法上亦有差異，不妨先以與中等煎茶相同的方法試著沏一次，再進行微調。

4 均等地倒至各茶碗 ➡131頁

依人數排好茶碗，從急須壺一點一點地將茶注入。以輪流倒入的方式，使每個茶碗的茶湯色和量均等，且將茶倒至一滴不剩。

5 準備第2泡

POINT
輕拍急須壺的壺身

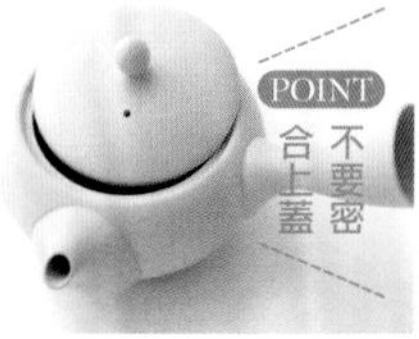
POINT
不要密合上蓋

輕拍急須壺注入口相反側的壺身，讓沾附在網上的茶葉掉落。為避免熱度悶在急須壺內，可將上蓋稍微偏離在旁，不要密合。

第2泡之後……

煎茶是能夠享用第2泡、第3泡的茶品。回沖時，因茶葉已經張開，利用較高溫度的熱水快速沖入是一大重點。記好第1泡的熱水量，於第2泡時在茶海（茶盅）內倒入所需的熱水量，然後只要直接注入到急須壺內即OK。第3泡時則直接將水壺內的熱水倒進急須壺即可。

2 放入茶葉

POINT
讓茶匙靠著邊緣處再轉動茶筒

茶葉份量可使用茶匙等工具測量。從茶筒中舀出茶葉時，如果魯莽地將茶匙直接插進茶筒，將會使茶葉彎折或斷裂，須格外注意。可以將茶匙擺在茶筒的內側，緩慢地轉動茶筒，茶葉便會自然地盛在茶匙上。

3 倒入熱水，靜候

將降至適溫的熱水倒進急須壺中。之後再增添熱水會使茶的味道不均勻，因此重點在於必須快速地倒入所需人數的份量。蓋上急須壺的上蓋，靜候1～2分鐘。

第1泡時茶葉張開到這個程度即可。

依茶種區分日本茶的沏茶方法 實踐

玉露

玉露的沏茶秘訣，是仔細精心地沖泡。
玉露風味濃厚，品嚐少量即十分足夠。

此沏茶方法能應用在以下茶種類

・手揉茶

材料與食譜	應備工具
1人份的標準內容	・玉露用茶碗
熱水……… 20ml	・玉露用急須壺
（第2泡為30～40ml）	（或寶瓶）
玉露………… 3g	・茶匙
第1泡：50℃	・茶海（茶盅）
第2泡：60℃	
第1泡：2分鐘～2分30秒	
第2泡：1分30秒	

1 讓熱水冷卻至適當溫度 ➡128頁

將煮沸的熱水倒入茶海（茶盅），再按照人數份量分別注入到茶碗中。茶碗的熱水再次倒回茶海（茶盅），靜候溫度下降至50℃。溫度太高會使澀味釋出，不要急，讓熱水充分冷卻。只要比人體肌膚稍微高一些，能輕鬆捧起茶碗程度的溫度，即為適當溫度。

POINT
還不熟悉時，
可使用溫度計喔！

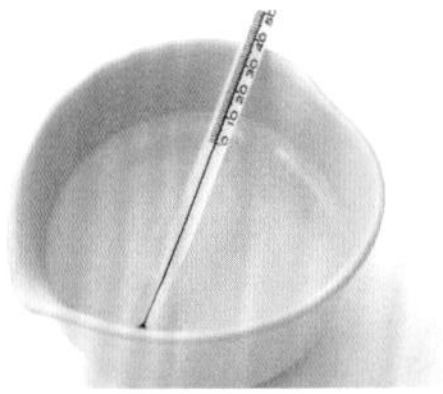

秘訣是以溫潤的熱水精心沏茶

與其解渴般地一飲而盡，取少量在舌上滾動品嚐，才是玉露的品味方式。使用的熱水份量，比煎茶等茶少得多，盡可能準備適合玉露熱水量的小型茶碗和急須壺。

引出能感覺濃稠感的濃厚味道，重點在於熱水的溫度和浸泡時間。茶葉甜味成分的氨基酸，在低溫中亦會釋出，然而澀味成分的兒茶素，卻不容易在低溫裡溶出。因此欲品嚐甜味的玉露時，適當溫度是50～60℃。

準備熱水時，可增加移動熱水至茶海（茶盅）等容器的次數，即可在短時間內下降至合理溫度。浸泡時間爲2分鐘～2分30秒左右，雖然稍微有點長，但移動會造成雜味釋出，切勿搖晃或轉動急須壺，靜靜等候。

高品質的手揉茶也可以用這個方法沏茶。

寶瓶的使用方法

所謂的寶瓶是沒有握把的急須壺。適合用在以低溫沏茶的玉露等茶種。基本用法和急須壺相同。開口部較廣，可以輕易取出茶渣。

要注入到茶碗時，須以右手覆蓋住蓋子上方般拿著寶瓶，再用左手扶著蓋子。

第2泡以後……

熱水溫度要稍微比第1泡高一些，約60～70℃。熱水量要略比第1泡多，並縮短浸泡時間。相對於第1泡的濃郁甜味，第2～3泡能享受到淡淡澀味和海苔般的香氣。

食用茶渣

玉露的葉非常柔軟，因此連茶渣也可以食用。推薦使用橘醋醬、調味白醬油高湯、鹽等稍微調味，做成拌青菜風味，或是和小魚乾一起拌飯。當中也含有許多對健康有益的營養素。

2 放入茶葉

用茶匙測量茶葉份量。要以少量的熱水引出濃厚的甜味，故沏茶時必須多用心。

3 倒入熱水，靜候

POINT
熱水要靜靜注入

將茶海（茶盅）中的熱水倒進急須壺內。這時，為避免熱水衝出過猛造成茶湯晃動，必須從急須壺的邊緣處安靜地注入。讓茶葉浸泡在熱水中約2分鐘，靜候茶葉開張。

4 均等地倒至各茶碗 ➡131頁

POINT
飲用後會有滿足感
因此少量就是適量

一點一點注入，讓每個茶碗都有相同的茶湯色和份量。1人份約15ml左右。要將甜味凝縮的茶湯倒至一滴不剩。

依茶種區分日本茶的沏茶方法 實踐

抹茶

抹茶給人門檻很高的印象，
對此敬而遠之的人也非常多。
在家裡自由享受抹茶的樂趣吧！

材料與食譜	應備工具
1人份的標準內容	・抹茶茶碗
熱水……… 60ml	・茶筅
抹茶………… 2g	・茶匙
	・茶濾網
70℃～90℃	・茶海（茶盅）

1 準備工具和抹茶

POINT
用水或溫水
浸一下茶筅

POINT
抹茶粉用茶濾網
過篩備用

茶筅太過乾燥容易折損茶筅前端的穗，因此使用前必須先浸泡在溫水中軟化。抹茶粉的標準量約茶匙1匙，或茶杓1匙半，即1人份約2g。為避免結塊，必須邊用茶濾網過篩邊放入抹茶茶碗內。

打出質地細緻的泡沫是抹茶美味的秘訣

將茶葉本身放在口中細細品味的抹茶，是能夠完整品嚐到茶風味與營養的茶種。

品嚐的方式有兩種。一種是相對於熱水量，抹茶的份量更多，使用上等抹茶製成的「濃茶」。另一種則是比濃茶使用更多熱水，做成「薄茶」。以下介紹能在家裡輕鬆享用薄茶的抹茶點法。

首先，要準備抹茶點茶時必備的工具「茶筅」。茶碗不需要一定得是抹茶專用的茶器，但因爲會使用茶筅打泡，最好選擇底部形狀呈圓形，且有一定大小和深度的茶器。例如，拿具有深度的法式拿鐵咖啡碗作爲抹茶茶碗也非常好用。

點茶之前，要先用極少量的水將抹茶做成糊狀，再倒入熱水開始點茶，如此將比較不容易結塊。運用手腕的力量快速地來回刷動，點茶後會呈現奶泡狀。趁泡沫尚未消失，好好品味一番吧。

2 倒入少量的水

POINT
水量約寶特瓶瓶蓋的量即可

在抹茶茶碗裡放入少量的水，讓抹茶溶化。水量大約大茶匙的2/3，或寶特瓶瓶蓋1杯的量（10ml）。點茶前先加點水，可以避免抹茶結塊，也能萃取出抹茶的甜味成分。不過，水量太多會使完成品的溫度稍微太低，必須注意。

3 刷動抹茶，讓抹茶更滑順

POINT
以書寫「い」或「り」字般來回刷動

使用茶筅來回刷動抹茶，避免抹茶的粉末結塊。等到出現香氣和光澤，呈現出溶解的巧克力般的質感時，即可停止刷動。

4 倒入熱水

將另外準備在茶海（茶盅）內的1人份的50ml（從60ml扣除步驟2所使用的10ml後的剩餘份量）的熱水，緩慢安靜地注入。

5 點茶

POINT
以書寫「川」字般來回刷動

不摩擦底部，讓茶筅浮著般，一點一點地刷動、點茶。以摻入空氣般打出綿柔的泡沫。不要過度施力，以免損傷茶筅前端的穗，仔細地點茶。

6 完成

POINT
以書寫「の」字般將茶筅取出

打出質地細緻的泡沫就完成了。完成狀態約是茶碗1/3左右的量。最後以書寫「の」字般移動茶筅，在茶碗中央處將茶筅往上提起後取出。

茶筅的握法

從上方握住般，以食指、中指、大拇指按握著。點茶時，以手腕輕柔地前後來回刷動。

依茶種區分日本茶的沏茶方法 實踐

焙茶

充滿焦焙香魅力的焙茶，最適合以高溫快速沖泡。喜愛焙茶的人，不妨也挑戰看看手工製茶。

此沏茶方法能應用在以下茶種類

- 玄米茶
- 番茶

材料與食譜

1人份的標準內容

熱水……… 120～130ml

焙茶………… 3g

90℃～100℃

30秒

應備工具

- 茶碗
- 土瓶
- 大茶匙

1 放入茶葉，注入熱水

POINT 要使用大茶匙！

POINT 直接從茶壺倒入熱水也OK！

測量好茶葉，並裝入土瓶。焙茶的體積較大，比表面上的份量還要輕，不妨使用大一點的茶匙。大茶匙1匙約3g。熱水一次即倒入所需人數的份量，泡出茶香。直接從茶壺倒入熱水也可以。

用熱水快速沖泡提出茶香

焙茶的咖啡因含量較少，不論長幼，都適合享用這種茶。能夠使口氣清新，很適合在吃了油膩的食物後清清口氣。

而焙茶最值得一提的魅力，是以高溫烘炒的獨特香味。若想突顯這個特色，就要趁沸騰的熱水尚未冷卻時一口氣沖泡，等候30秒再倒入茶碗。

茶器可以使用急須壺，但還是建議您使用具保溫性且質地較厚實的大土瓶。茶碗則選用較厚的大茶碗更加合適。

另外，用熱水沏茶時，第1泡幾乎成分都已釋出，焙茶不要泡太多次（沏第2泡、第3泡），在每次泡的時候都換茶葉會比較好喝。

附帶一提，和焙茶用同樣方式沖泡的番茶和玄米茶，也是不適合回沖的茶，每次沖泡都要換茶葉。

用水壺沖煮茶葉時

像番茶這種可輕鬆飲用的茶，建議一次煮多一些。用水壺煮1.5ℓ的熱水，沸騰後轉成小火，用手抓兩把番茶放入，煮1～2分鐘。直接冷卻後即可飲用。

2 分別快速注入茶碗

土瓶蓋上蓋子，等待30秒。使用熱水能使焙茶的成分快速釋出，散發芳香的茶味。想喝濃一點的味道時，可依個人喜好延長浸泡時間。依人數分別倒入茶碗，讓色澤與份量皆相同。

在家裡自製焙茶的方法

隨時間經過風味變差的茶，可以重生爲芳香的焙茶。

做法非常簡單。用茶濾網過濾茶葉，除去容易燒焦的細小部分，再用平底鍋炒過即可。記得要以「用中火離遠一點炒」的方式，以稍微拿起平底鍋離開瓦斯爐的狀態晃動拌炒。茶葉變成褐色之後就把火關掉用餘熱煮，散發茶香便完成。如果使用IH電磁爐，可用筷子邊攪拌邊炒，以避免燒焦。

所需物品

- 茶葉（煎茶或莖茶等）
- 平底鍋或質地較厚的鍋具
- 茶濾網

茶葉用茶濾網過篩備用。

\完成！/

不時地晃動以免燒焦。茶葉非常容易吸附氣味，請盡量使用乾淨的平底鍋，或是鋪上鋁箔紙等。

依茶種區分日本茶的沏茶方法 實踐

釜炒茶

釜炒茶的茶香是其特徵之一。以稍熱的熱水浸泡，是沏茶時的秘訣。熟練地沏茶，品味釜炒茶特有的「釜香」吧！

以稍熱的熱水提出煎焙茶香

所謂釜炒茶，主要是自古就在九州地方製造的茶。相對於大部分綠茶是蒸茶青製成，釜炒茶則是用鐵鍋炒茶青製成。

形狀上有自然的圓弧，和煎茶相比體積較大，使用茶匙量測時，得舀出如小山隆起般滿滿的1匙。

接下來，想要泡得好喝最重要的一點在於熱水的溫度。爲誘發出使用鐵鍋拌炒所產生的鍋炒焦香味，必須用略燙的80～85℃的熱水沖泡。

另外，釜炒茶用大一點的急須壺沏出滿滿一壺，茶香會更顯著。

釜炒茶有清爽不會膩的滋味，熟練地沏出茶香，可當成日常茶飲飲用。

材料與食譜

1人份的標準內容

熱水……… 70ml

釜炒茶……… 2g

80℃～85℃

30秒

應備工具

- 茶碗
- 急須壺
- 茶匙
- 茶海（茶盅）

1 放入茶葉，注入熱水

將測量好人數份量的茶葉放進較大的急須壺內。如小山高的滿滿1茶匙的釜炒茶，1人份約2g。煮沸的熱水必須先移到茶海（茶盅）後再倒進急須壺。

2 倒至一滴不剩

急須壺蓋上蓋子等待30秒，確認急須壺內的狀態，茶葉打開後便完成。依人數分別將茶湯一點一點地注入茶碗內，以輪倒的方式讓每個茶碗的茶湯色和份量皆相同，連最後一滴茶都要倒出。

依茶種區分日本茶的沏茶方法 實踐

粉茶

粉茶是壽司店經常端出來招待客人的茶品。不需要急須壺即可沖泡，是想要立刻飲用茶品時的推薦茶飲。

不使用急須壺 輕鬆簡單地沏出好茶

粉茶的特色是濃厚的澀味和濃醇感，這種澀味在吃了生魚片或壽司等生食後，可以讓口中清爽。

粉茶的泡法非常簡單。將金屬製或竹製的茶濾網放到茶碗上，直接倒入熱水即可。

不需使用急須壺，只用茶濾網也能沖泡，但若是使用急須壺，建議您選用有籠狀濾網（參照148頁）的急須壺，或深蒸煎茶用、附有茶濾網的急須壺。這時，請注意粉末別積在網眼上。

另外，粉茶倒入熱水後茶的成分便會一口氣釋出，基本上每一泡都得換茶。

材料與食譜	應備工具
1人份的標準內容	・茶碗
熱水……… 120ml	・茶濾網（細網眼）
粉茶……… 2～3g	・茶匙

80℃～85℃

—

1 裝好茶濾網

POINT 將茶濾網直接放在茶碗上

將網眼較細的茶濾網直接放在茶碗上，再將粉茶放入其中。以茶匙1匙為1人份，約2g。茶濾網的大小使用能剛好放在茶碗開口部的，會比較方便好用。

2 放上粉茶，倒入熱水

POINT 使用網眼較細的茶濾網

直接從茶壺對著茶濾網注入熱水。熱水要均勻地淋在粉茶上，邊沖泡邊輕輕地晃動茶濾網。

依茶種區分日本茶的沏茶方法

實踐

冷茶

能在夏季補充水分時靈活運用的冷茶。
翠綠鮮豔的茶湯色，
也很適合招待賓客！

材料與食譜

1人份的標準內容

熱水……… 10ml

茶葉………… 3g

冰塊………… 2個

水………… 90ml

80°C

1分鐘

應備工具

・玻璃杯

・急須壺

1 注入熱水

將測量好的茶葉量放進急須壺。茶葉量要比平常稍多，1人份約3g。讓茶葉能舒展般，以1人份約10ml注入熱水，在茶葉舒張開之前打開蓋子讓茶葉呼吸。

2 放入冰塊

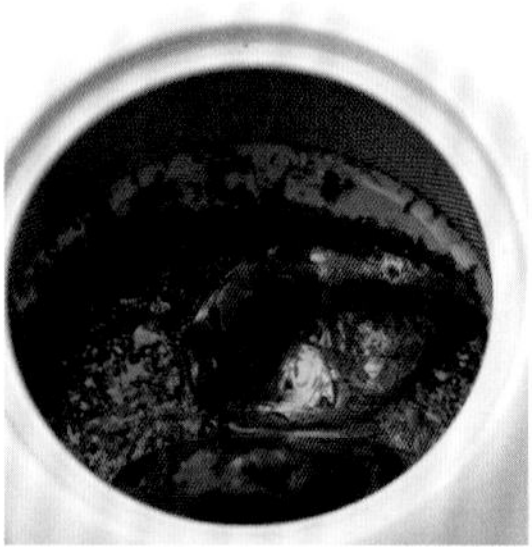

急須壺內放入兩顆大冰塊，降低熱水溫度。這個動作能增加茶香和風味。

3 倒入冷水

倒入冷水等待約1分鐘。呈現翠綠色即完成。稍微搖晃急須壺，再均勻地注入到玻璃杯。

外觀也清爽無比的冷茶最適合招待賓客

冷茶，是最適合品味綠茶甜味的茶品。由於是以低溫沏茶，能抑制澀味成分，且能徹底浸出甘甜味成分的氨基酸。

茶葉份量要比平時放得更多，沖泡得濃郁一些會比較好喝。依照所用的茶葉，能品嚐各式各樣的冷茶風味，但我最推薦的是深蒸煎茶。它會呈現出漂亮的茶湯色，不妨一試。

另外，冷茶也會因沏茶方法不同而改變風味。

在沒有太多時間或者突然有客人來訪的情形下，適合採用倒入熱水再用冰塊和冷水冷卻的沏茶方法。利用冰塊和冷水瞬間冷卻，能立刻將餘味收斂凝聚在茶湯中，可以享受綠茶的清爽香氣和風味。另外還有更簡便的水浸式沏茶法。

特別是使用上等茶葉時，也推薦使用僅單純運用冰塊的水滴仔細調製的冰浸式沏茶法，來調製美味冷茶。配合情境應用看看吧。

◆水浸式

應備工具

- 玻璃杯
- 急須壺

材料與食譜

1人份的標準內容

水………… 60ml
茶葉………… 3g

3～5分鐘

1 注入冷水

將茶葉放進急須壺內，注入冷水。讓茶葉充分浸泡在水中，須考量茶葉和水的份量。

2 稍候片刻

等候3～5分鐘，讓茶葉成分釋出，然後注入到玻璃杯內。

◆加冰塊稀釋式

應備工具

- 耐熱玻璃杯
- 急須壺

材料與食譜

1人份的標準內容

熱水……… 60ml
茶葉………… 3g
冰塊…………適量

80℃～85℃

1分鐘

1 注入熱水

在急須壺內放入多一點茶葉，沏出較濃郁的茶。注入比平常稍高溫的熱水（約80℃），使澀味快速釋出。

2 注入到裝有冰塊的玻璃杯內

在容量約200ml的玻璃杯內裝入大冰塊備用。將急須壺內的茶湯對著冰塊淋上去，使茶湯邊急速冷卻邊注入到玻璃杯內。

◆冰浸式

應備工具

- 玻璃杯
- 急須壺或茶海（茶盅）

材料與食譜

1人份的標準內容

茶葉………… 3g
冰塊…………適量

冰塊溶化即為最佳飲用時機

在急須壺或茶海（茶盅）的底部放入薄薄一層茶葉，然後在上面擺放大冰塊。利用冰塊溶解時散出的霧和水滴，品嚐一點一點逐漸浸泡釋出的茶葉風味。

依茶種區分日本茶的沏茶方法 實踐

袋茶（茶包）

簡便的袋茶，只要細心沖泡也能成為美味好茶。熟記沖泡的秘訣，在辦公室同樣能來上一杯。

材料與食譜	應備工具
1人份的標準內容	・茶碗
熱水……… 120ml	・小碟子
袋茶………… 1個	

70℃～80℃

30秒～1分鐘

1 倒入適溫的熱水

將沸騰的熱水注入茶碗，等候溫度降至70～80℃左右。雙手能持續捧著茶碗的溫度即為適當溫度。將袋茶（茶包）放進熱水中，模擬急須壺的狀態，使用小碟子當作上蓋蓋住，再靜候片刻。

POINT
用小碟子當蓋子

2 要滴出最後一滴

依個人喜好靜候30秒～1分鐘，拿開上蓋取出袋茶。往上提起，暫停在茶碗上方，等候最後一滴茶滴落為止。成分幾乎都在第1泡時就已釋出，所以每次回沖前都必須換放新的袋茶。

冷卻熱水、不嫌麻煩是沏茶時的一大重點

最近，也開始有使用上等茶葉製成正式袋茶的茶品問世，不需要急須壺即可品嚐美味的日本茶。沏出美味的秘訣是，不要直接使用熱水。和一般的茶葉一樣，使用稍微冷卻的熱水，能使味道更加圓潤順口。有急須壺時，可依人數準備袋茶的數量並放入急須壺內，再一起注入熱水即可。

綠茶，請當成生鮮食品處理！

日本茶的保存方法

經過許久後再品嚐之前仔細保存的茶葉，卻發現已經變了味道。您是否也曾有此經驗？那您一定要知道正確的保存方法！

將10天份的量放進茶筒內！

基本上，茶葉一次購買的量，是夏季約半個月、冬季約1個月能喝完的量。開封後，必須將大約10天份的量放進茶筒等密閉容器內保存。且因為茶葉很容易吸收氣味或濕氣，因此請務必存放在密閉且陰暗的場所。茶葉對光的抵抗能力也不高，最好避免使用玻璃瓶等透明的容器。

剩餘的茶葉要慎重保存

剩餘的茶葉要更慎重地保存。建議使用附夾鏈的保鮮袋能確實防止氣味和濕氣。

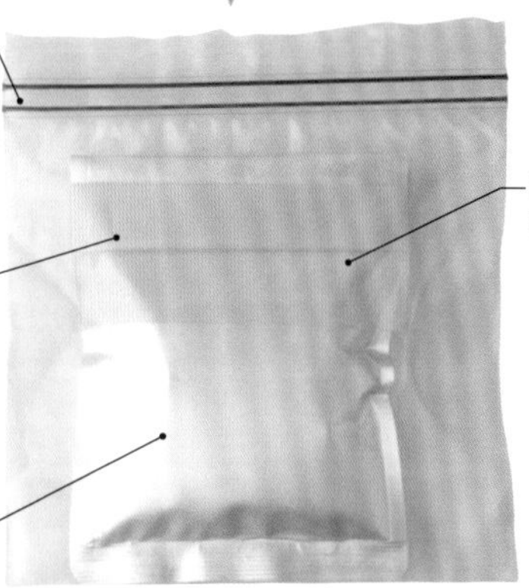
放進附夾鏈的保鮮袋內，可以防止氣味摻入
用膠帶確實密封
擠出保鮮袋內的空氣，並將開口處反摺幾層
同一個保鮮袋內只放一種商品

放進冰箱冷藏

在家裡使用時，茶葉以5℃～10℃保存較佳，因此密封後請放進冰箱保存。

保存茶葉時要注意濕度和氣味

或許很多人認爲茶葉是乾燥物品，很容易保存。但事實上，綠茶的新鮮度也很重要。茶葉很容易受濕氣、溫度、光等影響，且會吸附周圍的氣味，因此若直接放著不管，味道和香氣都會變質。必須在保存方法上多加留意才行。

一次取得大量的茶葉時，可將10天的量爲一單位分裝成幾份。各自分別密封後，再裝入附夾鏈的保鮮袋內保存。茶葉最適合的環境是涼爽陰暗的場所。家裡則建議存放在冰箱內。

不過，從冰箱取出後，保鮮袋會因溫度差異而結露，直接打開會使茶葉接觸到濕氣，必須格外注意。從冰箱取出後可先暫時等候，待茶葉恢復常溫後再開封較佳。

話雖如此，茶葉即使在密封狀態新鮮度仍會逐漸降低，最好盡早品嚐。購買時只購買喝得完的量是一大準則。

急須壺的挑選方法

品嚐日本茶時不可缺少的茶具——急須壺。
挑選一支好拿、好用、好保養的急須壺吧！

講究材質和茶濾網 慎選適合的急須壺

選擇急須壺時，需確認材質、形狀、濾網3個要點。

材質各有優點，能讓茶味更順口的炻器、玻璃質不易沾上味道的瓷器等，都十分推薦。

雖因茶種類而有不同，但使用者可以試拿看看，選擇順手的形狀。另外，容易清理茶渣的形狀也很重要。

並且，最大的重點是濾網的種類。最好選擇不易堵塞，容易保養的類型。

各式各樣的材質（陶瓷）

陶瓷主要分成陶器與瓷器，急須壺大多是介於中間的炻器製。炻器有許多小洞，可吸附多餘成分，讓茶更好喝。設計變化豐富的瓷器製急須壺也頗受歡迎。

常滑燒（炻器）

常滑燒是衆所周知的朱泥急須壺。以富含鐵分的黏土製作，藉由「氧化燒成」燒製成朱色。氧化鐵含量極多，與茶的單寧起反應後，可讓茶更加順口。主要的生產地是以愛知縣常滑市為中心的區域。

萬古燒（炻器）

萬古燒是名聞遐邇的紫泥急須壺。以含有許多鐵分的黏土製作，藉由「還原燒成」燒製成紫褐色。鐵分與茶的單寧起反應能緩和澀味，使茶的甜味更顯著。在三重縣四日市市生產。

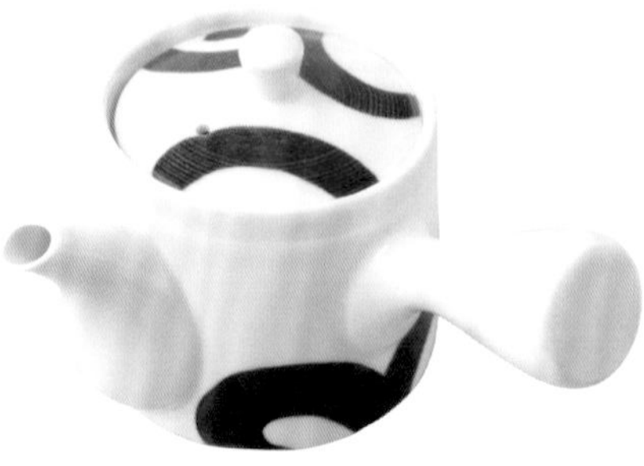

瓷器

瓷器是玻璃質高透明度的白色陶瓷。瓷器本身不具吸水性，不容易沾附味道，因此可用來喝各種茶。有田燒和九谷燒極富盛名。

協力／山一加藤商店

尺寸的標準

適合沏2～3杯煎茶的急須壺尺寸是容量250ml（以標準來說把手以外的部分直徑10cm者）的類型。請參考左側圖表，配合沏的杯數與茶種類加以選擇。

需特別留意的一點是「大不兼小用」。因爲若用大急須壺少量沖泡，茶水溫度會下降，或是茶葉沒辦法充分浸在熱水裡。

各茶種適合的容量標準

	急須壺	茶碗的尺寸（注滿的量）
玉露	90ml	40ml
上等煎茶	250ml	100ml
中等煎茶	600ml	150ml
番茶、焙茶	800ml	240ml

※沏茶時，「茶碗八分滿 × 人數」的熱水量。

各式各樣的造型

急須壺是依握把位置區分種類。
認識各種具實用特徵的好用急須壺。

側把型

日本獨有的設計。側面有棒狀的握把，用拇指按住蓋子，單手也能倒茶。

後抓型

發源自中國的造型，壺嘴（注茶口）的另一側附有圓形握把的茶壺。中國茶和紅茶的茶壺就是這種形狀。

提把式

上面附有握把的茶壺。握把可能是竹製，大多與茶壺本體是不同材質，即使裝了滾燙的熱水也很好拿。適合焙茶或番茶等用煮沸熱水沖泡的茶。

寶瓶

沒有握把的急須壺。單手可拿起的大小，用低溫少量的熱水沖泡的玉露、被茶或高級煎茶所使用。倒入熱水就沒辦法拿，所以其他茶類不太使用這種急須壺。

各式各樣的急須壺濾網

濾網會大幅左右急須壺的操作便利度。
濾網的種類五花八門，先認識各種濾網的優缺點再選購吧！

連壺濾網

使用和急須壺相同材質製造的茶濾網。為紋路細緻的濾網，網眼容易阻塞，必須經常保養。主要為普通蒸製煎茶用。

帶狀網

為細窄的不鏽鋼濾網，將內側呈帶狀般360度包覆住。網眼不容易阻塞，注入時順暢方便。

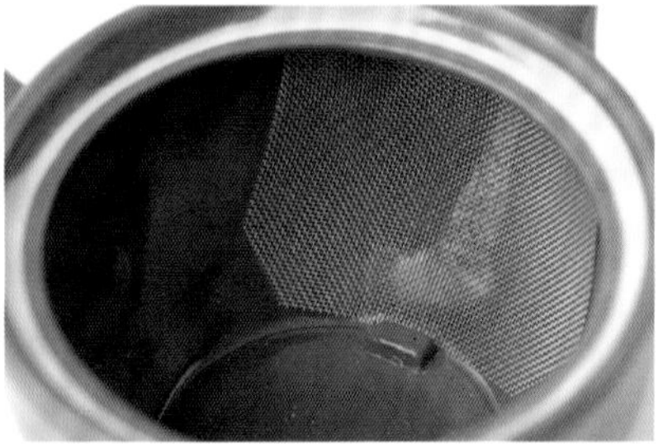

平網

為掛在注入口處、大片細不鏽鋼製的濾網。網眼不容易阻塞，注入時順暢方便。

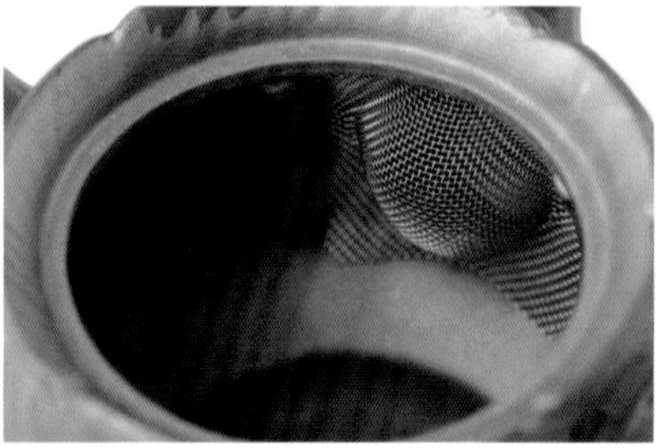

凸口濾網

為掛在注入口處、呈圓形突起的濾網。濾網膨脹，使表面積擴大。

底網

包覆整個急須壺底部的細窄不鏽鋼濾網。少量沏茶時，可能有熱水無法覆蓋所有茶葉而使成分難以充分釋出的情形。

籠狀濾網

可取出的籠狀濾網。清潔保養都很容易而受到歡迎，但茶葉在當中能舒展的空間很少，因此也可能有成分難以充分釋出的情形。盡量選用大一點的濾網較佳。

急須壺的保養方法

若是不用心，很容易疏於保養急須壺。確實保養，才能喝到好喝的茶。

清洗後要用熱水沖一下，不蓋蓋子，倒扣讓裡面乾燥。

另外，假如用了漂白劑留下味道時，因爲茶本身具有除臭作用，不妨放入茶渣除臭。

重點在於不要留下茶渣並且確實風乾

急須壺保持清潔，是品味好茶的重點。假如茶的顏色或味道很奇怪，此時原因大多是殘留在急須壺濾網或壺嘴部分的茶渣。

不僅每次使用後都要將茶渣沖洗乾淨，讓壺裡確實乾燥也是重點。若是殘留水分悶住會充滿怪味，剩餘的茶渣也會發霉。

保養急須壺時，最好要有一支急須壺專用的刷子。用前端的刷毛把沾在濾網上的茶渣刷下來。另外，如同下圖插進壺嘴，也能刷掉黏液。

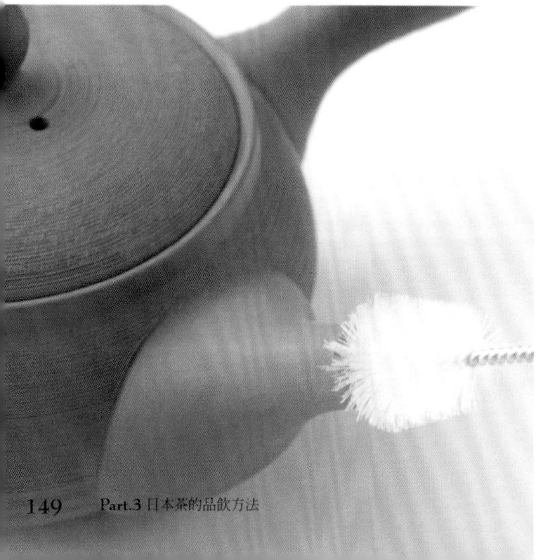

塑膠套蓋要拿掉後再使用

買來的急須壺嘴上有時會有透明的套蓋，這是在商品流通時避免壺嘴破裂所加上的保護套。在衛生方面不建議繼續使用，拿掉後再使用急須壺才是正確的做法。

茶碗的挑選方法

茶碗的挑選方法雖沒有硬性的規定，但依茶葉種類區分使用，更能享受品味好茶的樂趣。

配合茶葉種類分別選用合適的材質或尺寸

茶碗的種類各式各樣。日常生活中，不妨使用自己喜愛的茶碗。話雖如此，根據茶碗不同，茶味與茶香的感覺也會有所差異，某種程度上最好分別使用。

一般而言，玉露、被茶和上等煎茶，適合用薄一點的瓷器製茶碗；趁熱品嚐的焙茶、番茶和玄米茶，則用大一點且壁面較厚的陶器製茶碗比較合適（尺寸的標準請參照１４７頁的表格）。

因此，最好先準備這兩種茶碗。

各式各樣的造型

大茶碗

碗身較矮，開口大的造型容易散發茶香。適合用來喝煎茶。玉露可以用這種形狀但是小一點的茶碗。

筒茶碗

縱長的輪廓，茶湯不容易變涼，適合趁熱品嚐的焙茶、玄米茶等。

有蓋茶碗

適合在款待賓客的宴席上，奉茶給客人時使用。或是想要變換心情、改變印象的時候使用。

各式各樣的材質

瓷器

壁面較薄，嘴唇的觸感滑溜。

陶器

壁面厚實，質感樸素。

玻璃容器

冷茶和冰涼的玻璃容器也很相稱。

協力／山一加藤商店

茶碗內側的顏色會影響茶湯顏色的觀感

喝茶時，也請注意茶碗的顏色。這對茶湯顏色會呈現極大的差距。

內側爲白色的中白茶碗可清楚看出茶湯顏色。此外，比起白色之中帶有黃色的茶碗，略帶綠色的茶碗更能映出漂亮的翠綠色。

白色茶碗中有圖樣也會影響觀看的感受。尤其紅色的影響非常大，茶湯顏色看起來會帶有紅色，如果想欣賞上等茶的茶湯顏色，最好選擇內側沒有圖樣的茶碗。

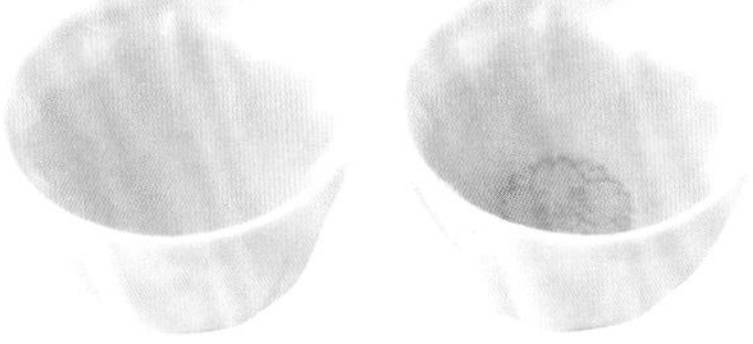

即使是同顏色、同造型的茶碗，只要茶碗內側有顏色，茶湯顏色就會看起來不一樣。底部有紅色圖樣的右側茶碗，茶湯顏色會看起來偏紅色。

各式各樣的顏色

倒入相同的上等煎茶後……

同樣是白色的茶碗，卻會因一點點的微小色差，使茶湯顏色看起來不一樣。陶器或有顏色的茶碗會使茶湯顏色難以辨識。

務必擁有一只純白色的茶碗。比較茶湯顏色，也是品茶的樂趣之一。

尋找與和菓子最速配的日本茶

日本茶×和菓子

茶點的挑選方法

擁有衆多茶種的日本茶，與茶點的組合也應注意。在此，從經典的茶點、日式和菓子之中挑出具代表性的類型。

與日本茶密切相關的和菓子發展歷史

想喝杯茶歇一口氣的時候，美味的茶點絕不可缺少。依照茶點和日本茶的組合，能襯托出彼此的味道，比起分別品嚐各個單品，有些絕妙的組合感覺起來更加美味。能當成茶點的食物有無限多種，但絕對少不了日式和菓子（即日式甜點）。具有澀味的日本茶和甜味濃郁的和菓子，搭配得天衣無縫。

和菓子的歷史與日本茶密切相關。鎌倉時代推廣茶樹栽種後（參照第158頁），人們開始尋求和日本茶一起享用的茶點。起初是搭配果實或水果等，後來也搭配成爲羊羹原型的點心。到了室町～安土桃山時代，茶道在武家之間普及。在茶室與茶席間端出和菓子的概念逐漸確立。到了江戶時代，細膩優美的京菓子漸漸發展成茶席間的菓子。之後在江戶製作甜點的文化開花結果，使用寒天製作的練羊羹誕生了。與現代相同製法的和菓子也相繼問世。

和日本茶密切相關，發展至今的和菓子。這次特地挑選了具代表性的和菓子，與最相稱的日本茶。請參考以下介紹的組合，試試各種茶點吧！

甜團兒 × 玉露　抹茶

白餡加上求肥和薯蕷等填充物熬煉製成的生菓子。精雕細琢成各式各樣的形狀。茶席間或回贈禮物時都會用上。

外型美觀的甜團兒。和特別的玉露與抹茶等上等茶組合，可細細品嚐高級的甜味。

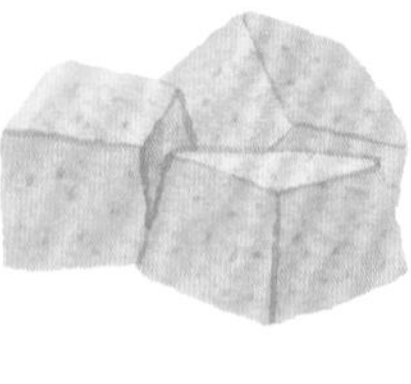

蕨餅 × 被茶　蒸製玉綠茶

蕨粉加上砂糖和水，冷卻凝固的生菓子。蕨粉是從蕨根取出的澱粉。可撒上黃豆粉或淋上黑蜜食用。

微微的甜味與黃豆粉的香味是蕨餅的特色，建議搭配澀味較少的被茶與蒸製玉綠茶。

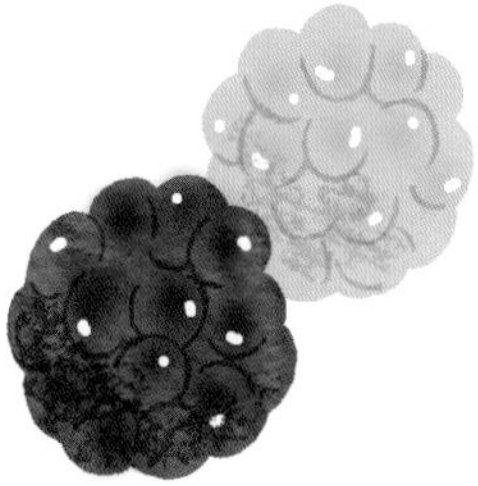

鹿子 × 蒸製玉綠茶

用蜜漬豆子完全包覆麻糬、年糕或求肥的點心。使用紅豆或甜豌豆等。用紅豆製成也稱為「小倉野」。

澀味較少滋味柔和的蒸製玉綠茶，絕妙地襯托出鹿子糖蜜的甜味與豆子的香味。

米香 × 玄米茶 深蒸煎茶

蒸過曬乾，再於炒過的米內混入砂糖和麥芽糖，最後凝固而成。關西的作法是把米蒸過曬乾後撒上砂糖，再乾燥製作而成。

同樣加了米的玄米茶，及口中餘味清新的深蒸煎茶，和米的香味與溫和的甜味非常搭配。

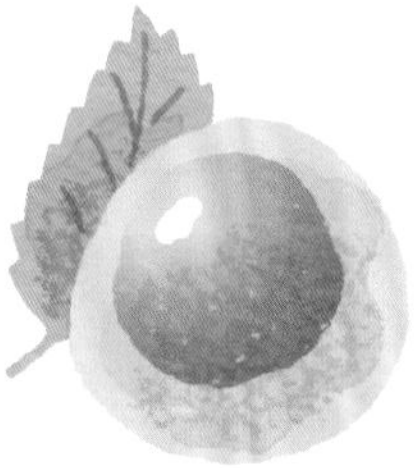

葛饅頭 × 莖茶 深蒸煎茶(冷茶)

用葛粉製作的透明麵團，包覆內餡製成的點心。充分冷卻後即可食用，是適合夏季的和菓子。也叫做「水饅頭」。

外型與口感都涼快的葛饅頭，最適合配上清新的莖茶。來一杯深蒸煎茶的冷茶也很爽快。

素甘 × 煎茶

上新粉蒸過後，加入砂糖揉成的點心。做成橢圓或魚板形的造型。為求好兆頭，經常著上紅白色。

口感軟Q與甜味柔和的素甘最適合搭配受歡迎的煎茶。煎茶的澀味，能襯出彼此的味道。

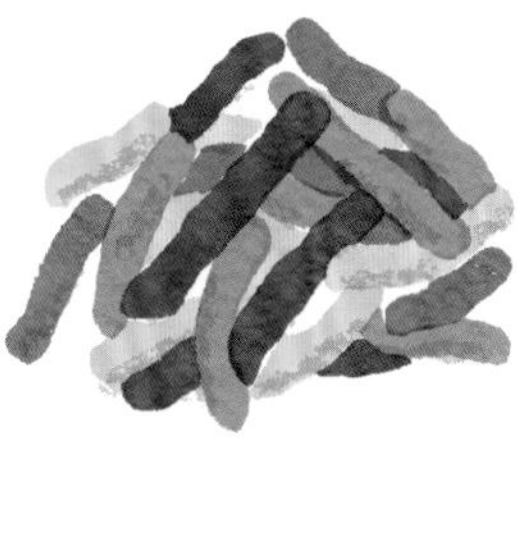

花林糖 × 焙茶 釜炒茶

用麵粉和砂糖等製作的麵團經過油炸，上面撒上砂糖乾燥而成的甜點。有時也會撒上黑砂糖或麥芽 糖等。

香濃甜味極富魅力的花林糖，適合清新味淡的焙茶與釜炒茶。具有減輕油膩的效果。

TEA BREAK
品茶休憩時刻

茶渣的活用技巧

喝完茶後剩下的茶渣，其實有各式各樣的用途。因為非常環保，千萬別急著丟掉，善加利用茶渣吧！

讓茶渣乾燥做使用前的準備

茶渣用作除臭劑時，需要先乾燥。雖然也能利用日曬達到這個效果，但建議使用微波爐較為輕鬆、便利。乾燥完成的茶渣，請塞入茶包使用吧。

食用

茶渣直接作成涼拌青菜

可完整攝取茶渣剩餘的養分。淋上醬油或白高湯的涼拌青菜十分簡單，做成白芝麻豆腐拌蔬菜也很美味。推薦使用茶葉柔軟的玉露或高級煎茶。

打掃

清潔打掃用

將徹底擰乾過的茶渣撒在榻榻米或地板上，用掃帚掃乾淨。它會吸附塵埃，可去除堵塞在木紋裡的灰塵。

抹布擦拭用

茶渣半乾燥後用抹布包好刷地板或柱子，便會閃亮有光澤。

預防鏽蝕用

由於具有抗氧化作用，容易生鏽的鐵鍋或鐵瓶，就倒入茶渣保養。

除臭

廚房

由於具有除臭、殺菌效果，可用來擦拭砧板、鍋子和菜刀等。也建議將乾燥的茶渣當成除臭劑放進冰箱。

收納

乾燥的茶渣裝入布袋，可當成除臭劑放進容易充滿異味的鞋櫃或衣櫃裡。也可以直接塞進鞋子裡。

魚料理

烤魚後的烤架，撒上茶渣就能除臭。而和魚一起煮則能緩和魚腥味。

其他

入浴劑

放進茶包，可取代入浴劑。據說有美膚效果。茶漬若染上浴缸會難以去除，使用後請在當天清理。

肥料

撒在樹木根部極有益處。

日本茶知識圖鑑
Knowledge of Japanese tea

Part.4

更多有趣的日本茶知識！

學習日本茶

本章將從日本茶的含有成分、
歷史、禮儀，
以至整個製茶流程與器具，
介紹更深層的日本茶知識。
明白這些細節後，
必定更能感受日本茶的趣味！

尋求值得期待的健康效果

日本茶的成分與作用

具有澀味、苦味、甜味、甘味等獨特滋味的日本茶，含有種類繁多的眾多成分。喝下後，會對人體帶來哪些作用呢？

綠茶的作用

減肥效果

因兒茶素和咖啡因具有相乘效果，會有減少體脂肪和內臟脂肪的作用。餐點較油膩時，可在用餐中或用餐後喝上一杯。

抗癌作用

癌症成因複雜，但綠茶兒茶素具有能在轉化為癌症的各種過程中抑制癌細胞產生的作用。

美肌效果

綠茶的維生素C與一般的相比，對熱的抵抗力較強，有助於防止肌膚乾裂或老化。茶渣內也含有維持肌膚強韌度的水不溶性的β-胡蘿蔔素等。

預防食物中毒

除了霍亂弧菌以外，也對引起食物中毒的細菌有抗菌和殺菌的作用。在品嚐壽司等生食時也一併飲用綠茶，是最理想的狀態。

預防感冒

具有抗菌作用和抗病毒作用。尤其對流行性感冒的病毒特別能發揮效果。感染盛行的季節，建議您頻繁地飲用綠茶。

消除疲勞

飲用綠茶能使頭腦清晰，注意力和集中力提升，而且甜味成分茶氨酸會釋放出α波，能在維持適度緊張感的同時使身心放鬆。

每天不間斷地飲用有助於維持健康

據說以前綠茶被當成藥品飲用。近年來，綠茶的成分經由科學分析，目前已知它具有種種功效。

綠茶的主要成分兒茶素，是尤其優秀的成分。它能夠抑制各種疾病的誘因——體內的活性氧，並具有減少壞膽固醇和體脂肪的作用，可望預防生活習慣病。另外，也能預防病毒、細菌與過敏。

眾所周知的苦味成分咖啡因，有助於消除睡意、消除疲勞。帶來甘甜味的茶氨酸等氨基酸，在想要喘口氣時可讓身心平穩。維持健康不可或缺的維生素與礦物質也非常豐富。

不過綠茶的成分只會在熱水中溶出20～30%，如果有機會沖泡茶葉鮮嫩柔軟的上等煎茶或玉露，請務必連茶渣一起品嚐。直接食用或拿來做菜皆可。從中可完整攝取寶貴的養分，建議您試試。

綠茶的主要成分

咖啡因
特色是輕微的苦味。能帶來具清爽感的餘韻。以具備提神醒腦作用而知名。

兒茶素
多酚的一種，是賦予綠茶味道的澀味和苦味的來源成分。具備的抗氧化作用和抗菌作用等健康效果十分值得期待。不容易在冷水內釋出。

礦物質類
有助於調整身體各項功能的成分。尤其是能促進老舊廢物排出的鉀成分含量豐富。另外也含有鐵質、鋅、氟等。

氨基酸
以茶氨酸和谷氨酸為首，主要含有6種氨基酸，與茶的甜味和甘味密切相關。玉露和上等煎茶內尤其含量豐富。特色是在低溫下亦可輕易釋出。

推薦的日本茶應用方法

日本茶的種類繁多，
從飲用時機或當時的身體狀況，挑選最適合的茶吧！

需要提神時…………　上等煎茶

高級的綠茶含有較多的咖啡因，早晨想要完全清醒的話建議您喝一杯。喝下用較熱的熱水所沖泡的煎茶，頭腦就能開始靈活運轉。

睡前飲用時…………　玄米茶

建議飲用具清醒作用的咖啡因含量偏少且對腸胃刺激溫和的玄米茶。若是煎茶，可沖得淡一些。相反地，玉露和抹茶可能會妨礙睡眠。

宿醉解酒時…………　上等煎茶（較濃的）

咖啡因的清醒作用會讓頭腦靈光，建議您喝用熱水泡得濃一些的上等煎茶。不過，腸胃不太強壯的人，最好先吃點東西再飲用。

用餐過後…………　煎茶　焙茶

用溫熱的熱水沖泡煎茶，喝下後不僅口中清爽，兒茶素的效果還能預防齲齒和食物中毒。另外，吃了油膩的料理後，推薦喝一杯芳香的焙茶。

運動之前…………　玉露　上等煎茶

咖啡因具有刺激肌肉的作用，含量較多的玉露和上等煎茶用溫熱的熱水泡濃一點飲用吧！從開始運動的20～30分鐘前，每隔30分鐘持續飲用非常有效。

從傳入的當下，至現今的流通

日本茶的歷史

在古代中國展開的飲茶文化，究竟是如何傳入日本，又是如何在日本普及的呢？循線追溯這段歷史吧！

日本茶的起源～鎌倉時代

中國茶是日本茶的根源

飲茶文化始自奈良時代，藉遣唐使之手從中國傳來。平安時代的書籍『日本後紀』中，也有將茶獻給嵯峨天皇的記錄。

鎌倉時代，榮西禪師從留學的宋朝帶回茶樹種子，成為在各地推廣茶樹栽培的契機。這位榮西禪師將茶的功能整理成『喫茶養生記』這本書籍，為茶的普及貢獻良多。另外，榮西禪師送給京都栂尾山高山寺明惠上人的茶樹種子，後來變成正宗的茶（本茶）。

室町～安土桃山時代

當時的當權者獎勵製茶

貴族與武士之間喝茶的習慣也逐漸廣傳，還出現了彼此猜測對方所喝之茶的茶產地的「鬥茶」遊戲。足利幕府3代將軍足利義滿，開闢「宇治七名園」栽種茶樹，建立了宇治茶發展的基礎。

15世紀中期，村田珠光吸收禪的精神設計出「侘茶」。以往的茶會以鑑賞茶器為主，後來變成開始重視心靈療癒與精神層面。之後千利休以侘茶為基礎完成「茶道」，在戰國武將之間大受歡迎。

鎌倉 1185～1336

室町 1336～1573

安土桃山 1573～1603

江戶 1603～1868

鎌倉時代

碾茶傳入（抹茶）

搗碎的茶加入沸騰的熱水攪拌飲用。以和現在抹茶類似的方法飲用。

約16世紀

釜炒茶的起始

明朝陶工在九州製造釜炒茶。之後，江戶時代來自明朝的隱元（Ingen）禪師，將釜炒茶介紹給一般大衆。

1738年

煎茶誕生

宇治的永谷宗圓（Nagatani Souen）應用碾茶等製法，在焙爐上邊揉捻蒸過的茶葉邊乾燥。開發出延續至今的煎茶製法。

江戶時代

開發出流傳至今的種種製法

茶道在德川幕府也被採用為一種儀式，並且完全融入武家社會。16世紀從中國傳來用鍋子拌炒的製法，之後，蒸製的煎茶與玉露的製法也被開發出來，形成今日茶的基礎。

從各種古文書的記錄中，也能得知江戶時代製茶日益盛行，甚至也有當成年貢繳納的紀錄。尤其九州的嬉野茶、駿河的茶、宇治茶等在當時已是名聞遐邇的高級茶產地。

另外，批發商、仲介買賣、零售等茶葉通路也是在這個時代趨於完備。由於各地設立流通據點，茶在庶民之間也變成了頗受喜愛的日常飲料。

明治以後

藪北種成為綠茶生產的主流

在開國的契機下，日本茶成長為與生絲並列的輸出品。為求提高生產效率，從以往的手揉製法逐漸轉移到機械製法。另外，1908年強韌且容易培育的「藪北」這個品種經由選拔，各地的茶葉生產因此得以穩定。

自1960年代日本國內的需求開始提高，1990年能輕鬆飲用的寶特瓶裝茶飲登場。由於有益健康，綠茶飲料的人氣始終居高不下。

平成 1989～

昭和 1926～1989

大正 1912～1926

明治 1868～1912

約1950年代～

深蒸煎茶誕生

在靜岡縣牧之原台地周邊，開發出比普通煎茶延長蒸製時間的製法，以抑制澀味。

約1932年

蒸製玉綠茶誕生

日本茶大量輸出，為配合海外的喜好，開發出將葉子形狀揉圓的茶。因形狀而被稱為「蒸製玉綠茶」。

約1835年

玉露誕生

雖然眾說紛紜，據傳是江戶茶商「山本屋」第6代山本嘉兵衛（Kahee）所開發，並取名為「玉露」。

不可不知的正統禮儀！

日本茶的禮儀

私人聚會或商務場合，以茶招待客人或接受款待等機會衆多。熟記奉茶、飲茶的禮儀重點，成為不失禮的主人或客人吧！

獻給對方最用心合宜的禮儀

茶能使自己與對方的溝通更爲圓滑。客人來訪時或商務場合上奉茶時，須留意每一個動作都得仔細完成。例如，在其他房間沏好的茶端到客人面前要放在桌上時，不應隔得遠遠地伸手，而是應接近每一位客人奉茶。

當在拜訪的地點受到茶水或茶點招待時，別過於拘束。對方特意沏好的茶，應當趁熱細細品嚐。此舉才會令對方歡喜。接下來只要掌握住幾個基本動作就沒問題了。

以〈煎茶〉招待客人時的禮儀

禮儀1 正確的端茶・奉茶方式

茶碗和茶托要分開擺放

端茶時為避免茶灑到茶托上，茶碗與茶托要分別放在托盤上運送。

托盤要稍微偏離身體的正面

端著托盤時，要讓托盤稍微偏離身體正面。若放在正面，感覺端的人直接呼氣在茶水上，有些人會因此感到不悅。

禮儀2 將茶碗放到茶托上

在托盤上組裝好茶碗和茶托

茶托與茶碗各一份成對放在托盤上端出。當人數多的時候，可在邊桌依人數分好茶器再送上。端上時最好用另一隻手扶著。

禮儀3 茶飲和茶點的擺放位置

茶飲在右，茶點在左

茶碗擺在客人的右側，注意端上時動作要順暢。茶點則擺在左側。放得靠近一點客人取用才順手。

禮儀 4 茶托的方向

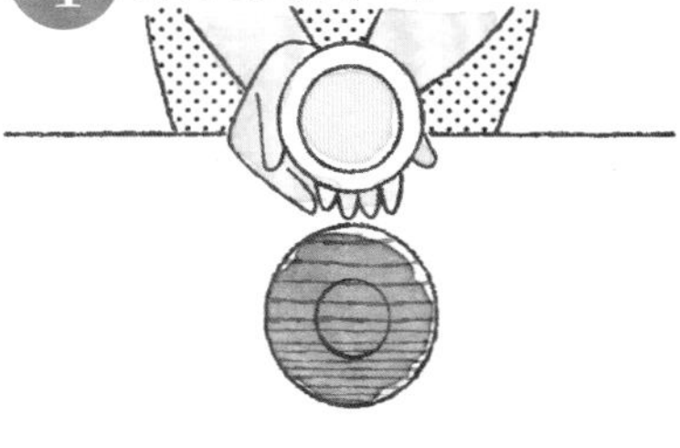

注意年輪的木紋方向！

從客人看來木紋要橫向擺放。直向感覺很不吉利。此外年輪寬的地方是茶托的正面，寬的那一面要朝向客人。

禮儀 5 茶碗的方向

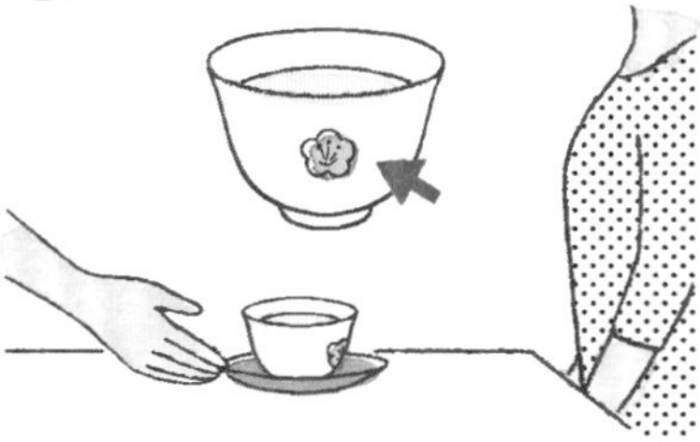

圖樣要朝向客人

茶碗有圖樣的那一邊要對著客人正面。即使沒有圖樣，顏色深淺若有微妙的差異，比較合適的部分就是正面，得對著客人。

領受〈煎茶〉款待時的禮儀

禮儀 1 茶碗的方向

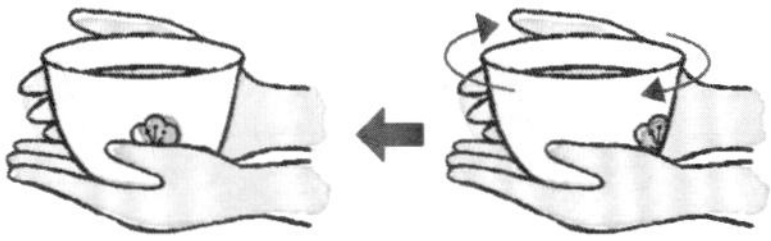

領受茶飲時要轉動茶碗

宴請的一方（主人）在奉茶時會將茶碗正面朝向客人，因此領受時為避免茶碗正面的圖樣朝向自己，必須順時針地旋轉茶碗為最佳。

禮儀 2 對於有茶蓋的茶碗……

以碗蓋內側朝上的方式擺放桌上

輕輕打開碗蓋傾斜，附著在內側的水滴要滴入茶碗中以免弄濕周圍。兩手拿著碗蓋，翻過來放在茶碗的右邊內側。也可以夾在茶托的右側。

禮儀 3 捧起茶碗的方式

以雙手捧起

為避免茶碗掉落，茶碗要放在一隻手上，另一隻手輕輕扶著端到嘴邊。雙手並用看起來也十分優雅。兩手將茶碗包覆般端到嘴邊。

禮儀 4 品茶的飲用方式

不要發出聲音

有些人以為喝熱茶時滋滋作響才表示好喝，但在拜訪時安靜地飲用才是禮儀。別一口氣喝光，要細細地品味。

領受〈抹茶〉款待時的禮儀

只要瞭解基本禮儀　參加茶會也不用擔心

或許是因爲提到抹茶，腦中就會浮現茶道的印象，因此有不少人會覺得抹茶入門的門檻很高。不過最近日本茶飲茶店相當流行，能夠輕鬆品嚐抹茶的機會增加不少。在這種地方，不被規則束縛，能輕鬆品嚐是最棒的一點。

參加一般茶會或活動時，應掌握最基本的重點作爲成熟大人的修養。

首先，茶會上一開始會先端出茶點，但喝抹茶時邊吃邊喝有違禮儀。注意應在上茶前先將茶點吃完。

另外，隨身帶著懷紙會很方便。端出茶點後，放在懷紙上用牙籤切成一口的大小食用，舉止看來非常優雅。假如吃不完，也可以包好帶回家，這點可以放心。

禮儀　先享用茶點

抹茶的風格是將茶全部喝光，因此抹茶的刺激比煎茶更為強烈。先吃茶點能用甜味緩和茶的澀味，讓味道更順口。

小知識　取下手錶和戒指

在正式的茶會上為避免刮傷重要的茶碗，包含手錶與戒指，手鐲與長項鍊等裝飾品，即使在穿著正式服裝時也最好取下。

禮儀　避開茶碗的正面

注意茶碗要朝向正面放置。右手拿茶碗放在左手手掌上，喝茶時避開正面，喝完後再轉回正面。

喝茶時分成幾口？

點成1人份稱為「薄茶」的抹茶，是能夠輕鬆飲用的抹茶，分幾口喝都沒關係。按照份量與溫度，飲用的速度也會不同。重點是細細地品嚐眼前的這碗茶。

可以啜飲嗎？

款待正統的抹茶時，還有欣賞茶碗的樂趣。喝完後將茶碗翻過來，欣賞圖樣花紋與銘的時候嚴禁沒喝完。反而應該將茶啜飲到連最後1滴都不剩。

不可不知的茶道基礎知識

即使沒機會受邀參加茶會，也應瞭解其中概要。
因此將為您介紹成熟大人應掌握的茶道基本資訊。

「濃茶」與「薄茶」的差異

濃茶是茶會上在一只茶碗中依人數沏出的濃茶，從主客依序傳遞飲用。薄茶則是在多人的茶會上，招待每人一碗茶。一般提到的抹茶大多是指薄茶。雖然茶的製法相同，但濃茶大量使用了上等茶葉，且以少量熱水沖泡，所以味道相當濃厚。

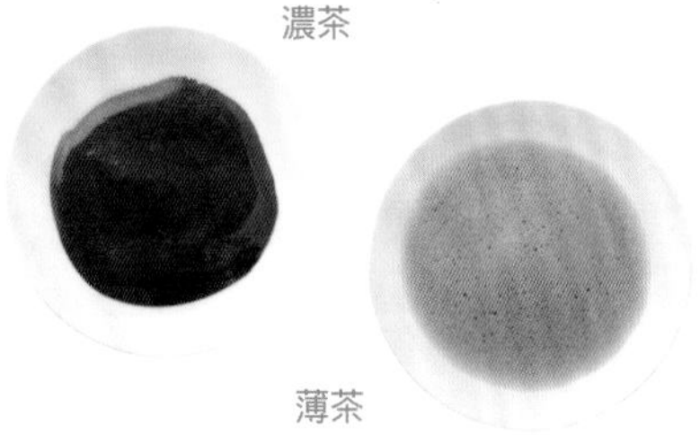

何謂三千家？

是指茶道流派中，表千家、裏千家、武者小路千家的總稱。千利休的第3代千宗旦的3名兒子，各自獨立創設這些流派。千家的茶道在世上流傳至今。

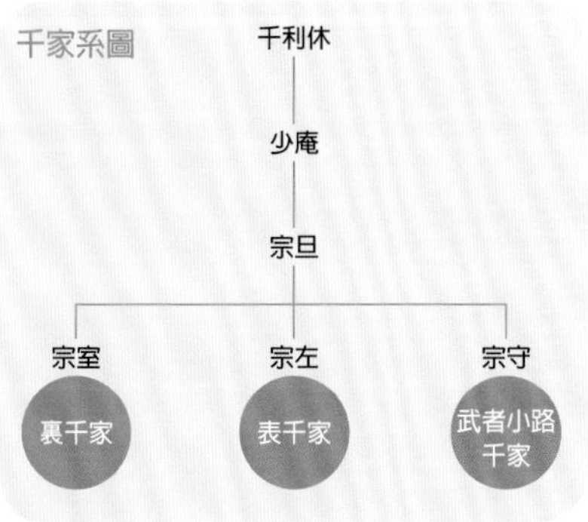

這種時候該怎麼辦？

日本茶禮儀的常見問題Q&A

Q 如果端出不喜歡吃的東西怎麼辦？

A 端出的東西盡量吃下才是聰明的做法。不過，若是會造成過敏或身體不舒服，說句：「謝謝您的盛情款待，我心領了」拒絕就行了。如果對方再三勸說，屆時再說明理由。

Q 如果茶潑灑出來了怎麼辦？

A 如果灑出很多，就對款待的人說一聲。不要拿眼前的濕毛巾亂擦桌子。

Q 茶碗非得要一組才行嗎？

A 如果是和極親近且關係要好的人一同飲茶，配合對方的氣質選擇茶碗款待也不錯。不過，如果只是來訪的客人或工作上來往的人，與其依個人氣質挑選不同的茶器，不如用成套組的茶碗奉茶才是聰明的做法。

Q 追加的茶如何上才好？

A 上第2杯以後的茶時，不要從急須壺添茶，應該將先前的茶碗收走，再端出重新沏好的茶。

日本茶的製造流程（從製造到成品）

日本茶成為商品之前，必須先經過各種製造工法才能完成。一起探究主要的製作過程吧！

粗製茶的製造工法（煎茶）

手揉茶製法

蒸熱

在蒸籠裡蒸茶葉

將採摘的茶青放入蒸籠裡，蒸30～40秒。這個蒸茶葉的作業稱為蒸熱。然後，立刻取出用扇子搧涼。

篩茶葉

抖落到加熱的台子上再乾燥

茶葉放到加熱的助炭這種作業台上，兩手拿起抖落。乾燥至減少原本重量的三成為止。

回轉揉法

滾動茶葉、揉出水分

在助炭上左右滾動，會損壞茶葉的組織，使水分均一。

解塊

弄散茶葉

弄散茶葉的結塊，移到茶籠裡，攤平讓水分分佈平均。

中揉

塑型成針狀

茶葉收集到助炭中間，兩手搓合回旋。左右交互進行，將茶葉塑型做成針狀。

精揉、最後揉捻

讓形狀與香味更佳

最後如用力握緊般揉捻，讓香味更佳。藉由摩擦，也可以讓茶葉呈現光澤的效果。

乾燥

更加乾燥，成為粗製茶

薄薄的茶葉攤在助炭上乾燥。翻面數次，均勻乾燥。

需要細膩技術的手揉茶製法

煎茶的製法如同上述。先蒸茶青阻止茶葉的酵素作用，再一邊揉捻一邊乾燥。然後將平坦的茶葉，塑型成條狀。

江戶時代誕生的煎茶製法，過去以手揉製茶最爲普遍。明治時代發明製茶用機器，之後逐漸發展，如今以機器製茶爲主流。

然而，爲了保留手揉的藝術性與洗練的技術，在部分地區創設保存協會，致力於技術的學習與傳承。

深蒸煎茶、被茶、玉露的製造工法與煎茶大致相同。

深蒸煎茶正如其名，是指比普通蒸製的煎茶蒸得更久的茶。蒸熱時普通蒸製的煎茶蒸30～40秒，深蒸煎茶則是蒸2～3倍的時間。

玉露與被茶的栽種方法不同，雖然都是使用被覆栽培的茶葉，卻和煎茶以同樣的製造工法製作。

機器製法

茶青

剛摘下的茶青。若直接放著不管，酵素會起作用進行發酵，須儘快進行蒸熱工法。

給葉、蒸熱

利用蒸氣蒸茶青

所謂給葉，就是集中茶青自動送往蒸籠。然後，利用蒸熱以阻止茶青發酵。

粗揉

利用熱風
邊揉邊乾燥

在稱為粗揉機的機器裡揉茶葉，使茶葉乾燥。機器裡有旋轉軸能像手揉般給予壓力，一邊用熱風吹一邊揉。

揉捻

邊揉邊使水分均勻

唯一不加熱的揉捻工法。補足粗揉不完全的部分。揉出莖等不容易乾燥的部位的水分，使整體的水分均勻。

中揉

再次於熱風中揉捻

再次邊加熱邊揉捻。在旋轉式的中揉機裡，將茶葉塑型成細長形。抓茶葉分開，將葉塊乾燥到自然分開的程度。

精揉

邊塑型邊乾燥

在表面凹凸如洗衣板的板子上，繼續揉捻乾燥。一邊乾燥，一邊往固定方向施力，使茶葉逐漸變成細長的針狀。

乾燥

乾燥後成為粗製茶

塑型好的茶葉送往乾燥機。最後吹熱風，繼續乾燥。水分含量變成5%時，粗製茶便完成了。

粗製茶

歷經多項製造工法才完成的粗製茶。這個狀態的水分含量仍然很多，因此之後還必須進行最後加工。

經過衆人之手
完成一壺好茶

日本茶的製造採分工制。摘取茶葉、在製茶工廠製造粗製茶，以及將粗製茶包裝成商品，大致分成上述兩個部分。

在茶園摘下茶葉後，得先加工成粗製茶。因爲摘採的茶青若置之不理，品質便會降低。

因此，粗製茶都會在鄰近茶園的粗製茶工廠中製造。主要多由茶農進行。

粗製茶再進一步加工成商品的製造工法（煎茶）

入火（加熱）

再度乾燥提升風味

讓粗製茶繼續乾燥，提升風味。想保留新鮮茶香的新茶與上等茶可用低溫；番茶等為提出茶香大多以高溫加熱。

篩茶、切割

塑型

粗製茶茶葉大小不一，需要經過篩茶或切割塑出漂亮的形狀。

分類、木莖分離

進一步細分

除去木莖或細莖。這時經過挑選的部分稱為「出物」，有時當成莖茶或粉茶販售。

合組

混合各種茶

將茶葉混合，完成符合需求的茶。是一項要求技術與個性的工法。其中也有不合組的茶。完成的茶會裝袋或裝罐後再出貨。

加熱的時機有2種

提升茶味的加熱作業，依順序分成「先火」和「後火」。先火如右圖的順序，在分類之前進行。後火則是在進行分類後，於合組之前加熱。

放入合組機前，會先由人工決定混合的比例。會根據茶葉的顏色、形狀、茶湯（浸出液）的味道與香氣等各種項目進行討論（上圖）茶葉的比例決定後，便以合組機調配（下圖）。

需要茶匠技術的精製作業

主要由加工業者進行的精製作業，是將粗製茶商品化的工程。粗製茶的形狀不一，水分較多，因此不利於長期保存。在此藉由精製工程，使茶得以貯藏，並提升茶的風味。

加熱與合組等作業主要利用機器進行。然而，各道工法需花費多少時間、粗製茶該如何分配混合，另外，該收購哪種粗製茶，這些事都需由茶葉專家（茶匠）決定。爲了做出更好的茶，需磨練感覺進行作業。

附帶一提，在精製粗製茶時，莖茶與粉茶等茶是需要進行篩茶與切割再經過挑選才能製成的茶，這些稱爲「出物」。

另外，焙茶與玄米茶等則是經過上述工法所完成的茶再加工而成。

煎茶以外的製造工法

碾茶（抹茶）

抹茶，是將原料碾茶用茶臼等磨製而成的茶。碾茶和玉露相同，是使用經由被覆栽培法培育而成的茶葉製成。
被覆栽培的茶葉和煎茶同樣先蒸過，蒸熱時間為短短的20秒。然後利用散茶機，讓附著的茶葉冷卻並且分散。蒸過後不再揉捻，是製造碾茶的特色。攤開乾燥使茶葉不在碾茶爐內重疊，然後除去莖等部分，進行稱為「練茶」的精製乾燥。之後，用茶臼等研磨碾茶，即變成粉末狀的抹茶。

蒸熱
↓
冷卻擴散
↓
粗略乾燥（荒乾燥）
正式乾燥（本乾燥）
↓
分類
↓
精製乾燥

不呈條狀，呈平坦形狀的碾茶。

1台茶臼1小時能研磨的量，只有極少的40g。

蒸製玉綠茶

蒸熱
↓
粗揉
↓
揉捻
↓
中揉
↓
精製再乾
↓
乾燥

想成從煎茶的製造工法，除去精揉工程即可。加入稱為精製再乾的工法取代精揉。這是在旋轉式的機器中攪拌茶葉並同時進行乾燥的工法。沒有用力揉捻茶葉，所以澀味較為緩和，並呈現獨特的勾玉狀。

釜炒茶

炒葉（殺青）
↓
揉捻
↓
水乾
↓
締炒
↓
乾燥

釜炒茶以釜（鍋）炒取代蒸熱製成。藉此消除青草味提出「釜香」的香氣。另外，不經精揉工法所以茶葉不直，呈捲曲狀。利用滾筒式乾燥機乾燥的水乾法，藉由摩擦讓茶葉緊縮的締炒法，是釜炒茶獨特的工法。

日本茶圖鑑
Knowledge of Japanese tea

徜徉日本茶樂趣的用語集錦

日本茶沏茶與飲用前不可不知的用語集錦。只要先知道這些用語，必定能發現日本茶寬闊的趣味。

秋番茶（秋茶）
使用秋季時茶園整枝過的莖葉製成的番茶。

阿薩姆種
茶樹的種類之一。不耐寒，適合製成紅茶。

胺基酸
帶出茶葉甜味和甘味的成分。有茶葉特有的成分茶氨酸，以及甜味強烈的谷氨酸等。日本的高級茶葉中富含此成分。

粗製茶
將採摘的茶青在茶產地的製茶工廠內進行第一次加工的茶。形狀不齊且水分較多。之後，會再進行精製加工做成商品。

第一批茶
於該年的春天，以最早採收新芽的茶青製成的茶葉。採收時間依產地而異，多為3月下旬至5月上旬。也稱為春茶、初茶、新茶、第一摘茶、一番茶等。

一芯二葉
用來指採摘茶葉的方法，或所摘茶葉的狀態。尚未開啓的新芽前端稱為芯，意即將最上端芯芽部分並連同兩片新葉一起採摘的狀態。同樣的，將芯芽和三片新葉一起採摘時，則稱為一芯三葉。

第一泡
沏茶時，第一次沖泡的茶湯即稱之。

薄茶
抹茶的一種。味道比濃茶清淡。

覆香
遮光栽培（被覆栽培）而成的茶獨有的茶香。有類似青海苔的香氣。玉露、碾茶、被茶等茶種皆有此香味。

被香
亦稱「覆香」。玉露、被茶等茶特有的香氣。

釜香
釜炒茶特有的茶香。因加熱產生焦焙香而生成此香氣。

雁音
利用玉露或上等煎茶精製加工時所選出的莖製成的茶，稱為「雁音」。有一說法是由於渡鳥雁子搬運小樹枝的模樣與莖茶的外型神似，因而成為莖茶的代名詞。

感官檢查
以人類的五感（視覺、嗅覺、味覺、聽覺、觸覺）為基礎，進行茶葉品質評定的方法之一。審查員們會以分數評鑑茶葉外型（形或色）、香氣、茶湯色、風味。

寒冷紗
被覆栽培時用來覆蓋茶樹的材料，是網狀的化學纖維。

機械採摘
採摘茶葉的方法之一。使用機械發動的採摘機，有效率地採摘茶葉。

金色透明
表現茶湯顏色的用語。是煎茶的理想茶湯色。

黑茶
以後發酵製成的茶葉。普洱茶、富山縣的吧嗒吧嗒茶、高知縣的碁石茶等皆屬於此類型。也稱為後發酵茶。

濃茶
抹茶的一種。相對於薄茶而以濃茶表示。相對於熱水量，抹茶的份量偏多，且會使用茶筅來回刷動調製。此外，也跟茶道流派有關，品嚐方式與薄茶不同，通常是依人數輪倒、飲用。

合組
製造流程中的一道工法。結合茶產地或生產時間不同的的茶葉，調配成品嚐者喜好的味道，或者製作成符合銷售價格的茶葉等。也稱為「Blend」。

後熟
製造的茶葉在保管、儲藏之間引起的香味變化當中有益的部分。也稱為熟成。

硬水
鈣和鎂含量較多的水。沏茶時一般以軟水較佳。

後發酵茶
將茶青加熱處理後，利用微生物的力量發酵製成的茶葉。以普洱茶較為知名，日本富山縣的吧嗒吧嗒茶、高知縣的碁石茶等皆亦屬於此類型。

香味
食品放入口中時感覺到的香氣與味道。幾乎是當作「風味」的同義語使用。

濃郁
表現味道的用語。飲茶方面，多是指茶湯內含有豐富的甜味成分等，使茶湯呈現圓滑濃稠的狀態。

在來種
指早已在各地方栽培且未經品種改良的茶葉品種。相對於此類，以人為方式進行品種改良後製成的品種稱為「育成品種」。

殺青
加熱茶青，抑止茶青中的氧化酵素的活性。原是中國的製茶用語。

第三批茶
在採摘第二批茶之後，於同一年再次採摘的第三次的茶葉。採收時間依產地而異，約7月上旬至8月上旬。

精製茶
粗製茶經過加工後，又再進行重新調整大小與香味的精製加工才製成的茶。

雫茶
品嚐玉露或上等煎茶等高級茶的一種方法，流傳至九州的八女地方等。在茶葉中倒入極少量的熱水，以啜飲的方式飲用滲出的茶湯。品味第2泡、第3泡的味道變化，是其一大魅力。依地區不同，亦稱為啜茶。

自然生長
讓茶樹運用自然的形式生長。常見於玉露或碾茶等利用被覆栽培的手工採摘的茶園。

滋味

一般是表示「甘甜味」的意思，是評價茶葉時的品質審查項目之一。會依甘甜味的強弱、與澀味和苦味的調和、味道的濃郁及餘韻等，進行綜合性評鑑。

浸出

在茶葉中注入熱水，萃取成分。從茶葉滲出的液體稱為「浸出液」或「茶湯」。

茶湯色

指沏茶時茶葉滲出的顏色。為品質的審查項目之一，觀察其透明感或顏色等進行評鑑。

整枝

採茶之後，為了下一次的採摘所進行之切除、整理茶樹樹枝的工程。也稱為整株。

製茶

將茶園採摘的茶青加工製成茶葉的工程。用於和製造相同的意思。

單寧

植物內含之澀味成分的總稱，與以綠茶有效成分知名的兒茶素幾乎同義。

茶會

以品茶為重點的聚會。席間會以正統的沏茶方式品茶。依季節或時間有各種不同的茶會。

茶點

為搭配茶飲而端出來的甜點。不是指高級的日式和菓子，通常是以一般民眾能輕鬆品嚐的甜點較多。不限味道，也並未要求一定得是甜食。茶道中有主菓子（生菓子）和乾菓子之分，會配合當日的茶席選用茶點。

茶樹

常綠闊葉林植物之一。這種山茶科山茶屬的永久性常綠闊葉林樹，學名為茶樹*Camellia sinensis*（L.）O. Kuntze。大略分為葉子小且具耐寒性的中國種，以及葉子大但不耐寒的阿薩姆種。

茶托

奉茶款待客人時，用來盛放茶碗的平坦碟子。

茶品評會

評鑑茶業者推出的茶葉，進行品質競爭的大賽。日本除了全國茶品評會以外，也會依關東、關西、九州等地區或是主產地的府縣等舉辦評鑑大賽。

中國種

茶樹的種類之一。耐寒性強，適合製成綠茶。

手揉茶製法

以人工手揉已蒸好的茶，再進行精製加工的製茶工法。現在則以模仿手揉製法的機械製法為主流。

碾茶

蒸好被覆栽培的茶後，不經揉捻直接乾燥的茶葉。以茶臼研磨此茶即成為抹茶。

鬥茶

鎌倉時代末期由宋朝傳入，是一種猜測茶產地與茶種類的競技遊戲。於南北朝時代至室町時代中期，在武士、貴族、僧侶之間流行。

軟水

在日本是指硬度低於100的水。日本的自來水是軟水，一般而言，用來沏茶的水以軟水較佳。

第二批茶
在採摘第一批茶（春茶）之後，於同一年再次採摘第二次的茶葉。大約可在第一批茶採收後50天採摘。茶葉含有的兒茶素會比第一批茶多，因此澀味較強。

煎焙
焙茶所使用的製茶方法。以高溫拌炒散發獨特的焦香。

發酵
一般是指微生物分解有機物的過程。茶葉方面則是指氧化酵素作用，使茶葉中的兒茶素類氧化。紅茶是完全發酵製成，日本茶則幾乎是不發酵茶（綠茶）。

晚生品種
採茶時間較晚的品種。主要有「奧光」和「奧綠」等。也讀作「OKUTE」。

加熱
將粗製茶商品化的精製工法，是以加熱乾燥散發香味的工法。

焙火香
茶葉在乾燥或加熱的高溫下產生的茶葉香氣。

被覆栽培
以各種材料覆蓋茶園，藉以遮蔽陽光的栽培方法。

焙爐
手揉製茶使用的製茶器具。盒狀，須放入炭火等熱源。上方會擺放鋪有助炭這種和紙的木框，然後在上面揉捻茶葉。

防霜風扇
預防茶葉遭受霜害而設置的送風機。

明惠上人（MYOUE）
建立高山寺的僧侶。於1173年出生在現在的和歌山縣。他將榮西禪師贈與的茶樹種子栽種在京都的栂尾山，後來成為正宗的宇治茶。

銘茶
品質極好而另外特別命名的茶。也指在品評會上獲獎的茶，或知名茶產地生產的茶，但廣義上多是指品質好的茶。

藪北
作為煎茶，因品質出色、耐霜性強、生產量穩定，而成為全國性栽培的品種。1908年，由靜岡縣安倍郡有度村（現在的靜岡市中吉田）的杉山彥三郎發現。

山茶
野生或半野生的茶樹。主要常見於九州、四國、近畿的山中。

榮西禪師
臨濟宗的開祖。1141年出生在現在的岡山縣，1168年與1187年曾2度前往中國宋朝。1191年回到日本，並在日本推廣宋朝的飲茶文化與茶樹栽培。有著書『喫茶養生記』。

若芽
指鮮嫩時期的柔軟新芽。也稱作海松芽，此稱呼在靜岡縣方言中表示柔軟之意。

早生品種
採茶時間比標準採摘時間更早的品種。「冴綠」和「豐綠」等品種是其代表。

CHA INDEX
索引（依茶種類區分）

日本茶各種證照資訊

為了擴展日本茶文化，由NPO法人日本茶專業指導員協會主辦各種證照的資格考試。以下介紹各項概要。

日本茶顧問（初級）

日本茶的初級指導者。對日本茶有高度熱忱，且具備茶葉全面的知識與技術，可以指導或建議消費者。主要活動內容為在店家或門市給予消費者建議、擔任日本茶相關活動的指導員、在日本茶教室擔任助手等。

◆ 考試時間：每年11月上旬
◆ 參加資格：18歲以上
◆ 報考費用：10,000日圓＋稅金
◆ 考試地點：札幌、東京、靜岡、名古屋、京都、福岡、鹿兒島（預定）

報考至取得資格的流程

日本茶專業指導員（中級）

精通日本茶一切知識與技術，可指導消費者或日本茶顧問的中級指導者。可設立日本茶教室、開立日本茶飲茶店、擔任文化學校的講師、培育日本茶顧問、擔任通信教育教材修改的講師等活動。

◆ 考試時間：第一次考試／11月上旬
第二次考試／隔年2月上旬
◆ 參加資格：20歲以上
◆ 報考費用：20,000日圓＋稅金
◆ 考試地點：札幌、東京、靜岡、名古屋、京都、福岡、鹿兒島（預定）

報考至取得資格的流程